河北省社会科学基金项目资助

人与自然和谐共生视域下河北省太行山区地质灾害应急管理对策研究

王维早　郝刚立　郝印博
刘潇阳　徐海洋　安俊鹏◎著

地质出版社
·北　京·

内容提要

本书以河北省太行山区地质灾害应急管理为研究对象，对河北省太行山区地质灾害现状进行研究，深入分析了河北省太行山区主要地质灾害类型、分布特征和发生发育规律；分析河北省太行山区地质灾害的成因与潜在威胁。通过对河北省太行山区地质灾害应急管理的现状与问题进行研究，认为河北省太行山区地质灾害应急管理存在如下问题：专业人才队伍匮乏，科技创新能力不足；专业监测预警体系不成熟，监测设备老化；地质灾害宣传教育方式固化，人民群众危机意识不强；地质灾害应急管理制度不完善。

针对这些问题，作者通过借鉴 2008 年 5 月 12 日汶川地震、2010 年 8 月 8 日舟曲泥石流灾害、2004 年 12 月 3 日贵州纳雍山体崩塌灾害以及美国地质灾害、日本地质灾害等应急管理中取得的成功经验，得出提升河北省太行山区地质灾害应急管理能力必须从加强人才队伍建设，并依靠科技创新与进步提高应急管理能力；建立健全相关制度；全面开展地质灾害应急管理建设；加强地质灾害防灾减灾宣传教育四方面着手。针对河北省太行山区构建符合当地实际的地质灾害应急管理建设体系，力求使地质灾害发生时的损失降到最低，保障河北省太行山区安全健康发展，并尽可能地防治地质灾害。

本书可供从事地质灾害应急管理的人员及相关高校师生参考。

图书在版编目（CIP）数据

人与自然和谐共生视域下河北省太行山区地质灾害应急管理对策研究 / 王维早等著. — 北京：地质出版社，2024.6

ISBN 978-7-116-14080-6

Ⅰ. ①人… Ⅱ. ①王… Ⅲ. ①太行山－山区－地质灾害－应急对策－研究－河北 Ⅳ. ①P694

中国国家版本馆CIP数据核字(2024)第052905号

REN YU ZIRAN HEXIE GONGSHENG SHIYU XIA HEBEI SHENG TAIHANG SHAN QU DIZHI ZAIHAI YINGJI GUANLI DUICE YANJIU

责任编辑：王一宾
责任校对：张　冬
出版发行：地质出版社
社址邮编：北京市海淀区学院路31号，100083
电　　话：（010）66554511（编辑室）；（010）66554646（发行部）
网　　址：https：//www.gph.clmpg.com
传　　真：（010）66554656
印　　刷：中煤（北京）印务有限公司
开　　本：787 mm × 1092 mm　1/16
印　　张：10.25
字　　数：200千字
版　　次：2024年6月北京第1版
印　　次：2024年6月北京第1次印刷
定　　价：38.00元
书　　号：ISBN 978-7-116-14080-6

前言

河北省太行山区位于东经113°30′~115°44′，北纬36°13′~39°30′之间，盘踞河北省西部，北与北京市房山区相连，南与河南省安阳市接壤，西邻山西省大同市、忻州市、阳泉市和长治市，东至河北省太行山麓平原，总面积约为37944 km^2，其地理位置在政治、经济、国防上具有十分重要的意义。河北省太行山区涉及5个地级市，27个县，居住人口约1200万。

河北省太行山区处于复杂多样的地质环境条件，区内人类工程经济活动剧烈，由此造成了复杂多样的地质灾害。复杂的地形地貌和岩土体条件，限定了斜坡变形破坏的模式，控制了滑坡、崩塌、泥石流、地面塌陷等地质灾害的分布及发育特征，决定了河北省太行山区是滑坡、崩塌、泥石流、地面塌陷等地质灾害的易发地区。这些地质灾害主要分布在沟谷两岸、公路沿线、村庄陡岸及矿区，在河北省太行山区分布广泛，活动频繁，严重危害当地居民的生命财产安全，一旦发生地质灾害将造成重大经济损失。

党中央、国务院历来高度重视地质灾害防治工作，习近平总书记于2018年在中央财经委员会第三次会议上就自然灾害防治九大工程作出重要部署，2019年中共中央政治局第十九次集体学习中强调“要健全风险防范化解机制，坚持从源头上防范化解重大安全风险，真正把问题解决在萌芽之时、成灾之前，要加强风险评估和监测预警”。自然资源部在全国受地质灾害威胁严重的地区开展了地质灾害调查和区划工作，地质环境监测评价、监督管理和地质灾害防治工作已被列为地质灾害行政管理部门的一项重要职责。

中华人民共和国成立以来，我国各级政府在与地质灾害的长期斗争中积累了诸多行之有效的应急管理经验，制订了一系列行之有效的方针政策，建立了地质灾害应急管理体系，地质灾害应急管理的“一案三制”（应急预案与体制、机制、法制）建设稳步推进，这些都是今后防灾减灾工作、实施政府应急管理工作的重要基础。

在看到成绩的同时，还必须认识到，我国地质灾害应急管理体系能力和水平还远远不适应地质灾害发生及演变的实际。与发达国家应急管理能力与水平还存在较大的差距，亟须进一步完善与提高。

本书在阐述地质灾害及其应急管理的基本原理和概况基础上，对河北省太行山区地质灾害现状进行研究，深入分析了河北省太行山区主要地质灾害类型、分布特征和发生发育规律；分析河北省太行山区地质灾害的成因与潜在威胁。在对地质灾害现状研究的基础上，对河北省太行山区地质灾害应急管理的现状与问题进行了研究，并分析了地质灾害应急管理存在问题的原因。针对这些问题，笔者通过借鉴 2008 年 5 月 12 日汶川地震、2010 年 8 月 8 日舟曲泥石流灾害、2004 年 12 月 3 日贵州纳雍山体崩塌灾害以及美国地质灾害、日本地质灾害等应急管理中取得的成功经验，得出提升河北省太行山区地质灾害应急管理能力的策略与方法。

本书不仅可为应急管理专业人员提供参考，也可作为突发事件应急管理人员的培训教材和应急管理专业的研究生用书。全书共六章：第一章，河北省太行山区自然地理与地质环境；第二章，河北省太行山区地质灾害类型及发育特征；第三章，地质灾害应急管理相关理论基础；第四章，河北省太行山区地质灾害应急管理的现状与问题；第五章，国内外典型地质灾害应急对策借鉴与启示；第六章，提高河北省太行山区地质灾害应急管理能力的对策。

本书研究成果得到河北省社会科学基金项目（编号：HB23GL038）的资助。

本书在编写过程中得到白海琦教授、曹洪洋教授、李巍林硕士、邵文渊硕士的帮助和指导，在此表示衷心的感谢。本书参阅和引用了相关的文献资料，在此谨向文献的作者表示衷心的感谢并致以崇高的敬意。

由于编者水平有限，疏漏、错误或欠妥之处在所难免，敬请读者批评指正。

作者

2024 年 1 月 3 日

目 录

第一章

河北省太行山区自然地理与地质环境

第一节　调查区地理位置与交通

一、调查区地理位置

太行山地理坐标介于东经110°23′~116°57′，北纬34°58′~40°79′之间，是我国地形的第二阶梯和第三阶梯之间的分界线。太行山脉北起北京西山，南达河南济源县与山西阳城县交界的王屋山，与秦岭相接。太行山以西是黄土高原，以东是华北平原，横跨北京市、河北省、河南省和山西省4省（市）115个县（区、市），东西向宽50~150 km，南北向长约700 km，总体呈现东北—西南方向延伸，地势北高南低。

河北省太行山区介于东经113°30′~115°44′，北纬36°13′~39°30′之间，包括河北省张家口市西部、保定市西部、石家庄市西部、邢台市西部、邯郸市西部5市25县（市、区）2矿区（表1-1）。河北省太行山区总面积约为37944 km^2，居住人口约1200万，占河北省总面积的25%，北与北京市房山区相连，南与河南省安阳市接壤，西邻山西省大同市、忻州市、阳泉市和长治市，东至河北省太行山麓平原。河北省太行山断裂和褶皱发育，地形条件复杂，自然环境条件恶劣，土地贫瘠，土薄石厚，水资源极其缺乏，且横贯南北的山脉严重阻碍了交通，造成社会经济发展相对滞后。

表1-1　河北省太行山区涉及的县（市）情况

区域	行政县（区）和矿区
张家口西部	涿鹿县、蔚县、怀来县
保定西部	涞水县、涞源县、易县、满城区、顺平县、阜平县、唐县、曲阳县
石家庄西部	行唐县、灵寿县、平山县、鹿泉区、井陉矿区、井陉县、元氏县、赞皇县
邢台西部	临城县、内丘县、邢台县、沙河市
邯郸西部	武安市、涉县、峰峰矿区、磁县

二、交通

河北省太行山区交通较发达。南北向交通大动脉有京珠高速公路、京广铁路、南北向纵贯河北省太行山区东麓的G107国道，沿线有石家庄、保定、邯郸、邢台四大交通枢纽；朔黄、京原、邯长（治）、石太四条铁路及青银高速、石太高速横穿东西；国道G108、G109、G112、G207、G307、G309纵横交错，形成了以国道、省道作为骨架的横贯东西、纵贯南北的交通网络。截至2017年，该区公路里程超35000 km。2018年12月太行山高速开通运营，全长652 km，沿途经张家口市、保定市、石家庄市、邢台市、邯郸市。太行山高速与11条高速和数十条国道、省道干线相连通，带动河北省太行山区社会、经济不断发展。到目前为止，河北省太行山区公路里程约36000 km。

第二节　气象水文

一、气象

河北省太行山区位于中纬度，是温带大陆性季风气候。春季干燥多风，夏季炎热多雨，秋季昼暖夜凉，冬季寒冷少雪。年降水量是600～800 mm，降水量由北向南逐渐增加，而且降水集中于夏季，占全年降水量的70%以上；地形、气候等因素影响降水量的分布规律，因太行山与燕山呈“弧形山脉”相连，对南来的暖湿气流有阻抬和辐合效应，在太行山山脉东、南迎风坡处形成一条弧形多雨地带，在多雨地带中有多处降雨中心。由于降雨时间空间分布不均，且年际变化较大，6—9月集中了全年90%的降水量，特别在7月下旬至8月上旬多暴雨，降水强度大，且历时短，最大日降水量可达300 mm，全年70%降水量常常集中在5～7 d之间，易诱发各种地质灾害。年均日照时数为2200～2800 h，从北向南递减；随着海拔升高和纬度增加，气温差递减，平均气温为11℃。由于处于迎风面，随地形升高，山地坡向和夏季暖湿的气流交角比较大，气流由于逐级爬坡受到阻力而被抬升，产生降雨。太行山东坡是多雨带，汛期容易发生洪涝灾害及引发地质灾害，东太行的降水量明显比西太行高。由于地处迎风面，随着地形升高，山地坡向与夏季暖湿气流交角较大，气流逐级爬坡受阻而抬升，产生降水，太行山东坡成为多雨带，夏季汛期容易形成洪涝及次生灾害，东太行降水量明显高于西太行。总体表现是：春季暖、夏季热、秋季凉、冬季寒，四季分明，雨、热往往出现在相同季节，降雨具季节性以及突发性的特点。

二、水文

河北省太行山区有河流数十条，源自或流经河北省太行山区的河流主要有33条，从西向东流出太行山区，进入河北平原。河流从北向南主要有：拒马河、漕河、唐河、大沙河、滹沱河、洨河、沙河、泜河、洺河、滏阳河、漳河等，其中16条河流发源于河北省太行山，4条河流（唐河、沙河、滹沱河、漳河）发源于山西省，沿途流经太行山区。这些河流均属海河流域中的海河水系，分别属于永定河水系、大清河水系、子牙河水系和漳卫河水系。由河北省水文分区标准可知，河北省太行山区可分为深山区、浅山丰水区和背山少水区。

背山少水区位于河北省太行山区北部的大清河流域向北太行山背风坡区域，境内以浅山为主，多年平均年降水量是 400 ~ 450 mm，多年平均年蒸发量是 350 ~ 400 mm，多年平均年径流深是 50 ~ 75 mm。在区内地表的黄土及黄土状土分布最广，其渗透性较强，径流量不很丰富。春汛、夏汛明显，春汛水量占全年总水量的 20% ~ 35%，夏汛水量占全年总水量的 35% ~ 50%。区内植被覆盖度低于 20%，水土流失较严重。

深山区位于河北省太行山区北部及南部太行山主脊和其附近区域，境内河流主要有拒马河、沙河、唐河、清漳河、滹沱河等，河谷狭深，降水强度较大。年平均降水量为 600 ~ 700 mm，是河北省多雨地区之一。年平均蒸发量是 450 mm，年平均径流深是 150 ~ 300 mm。年内径流分配不均，夏季的径流量占全年总径流量的 50% ~ 70%。区内植被覆盖度中等，主要为草类，耕地面积很少，主要分布于河谷盆地内。区内山坡坡度陡，暴雨强度大，造成水土流失严重。

浅山丰水区位于深山区东南侧的太行山浅山的迎风坡处。其北段是河北省多雨中心之一，暴雨强度大。年平均年降水量是 600 ~ 800 mm，年平均蒸发量是 400 ~ 450 mm，年平均径流深是 100 ~ 400 mm。汛期水量占全年总水量的 70%。河流主要有易水、唐河、漕河、磁河、沙河等，属大清河水系。其南段年平均年降水量是 600 ~ 700 mm，平均年蒸发量是 400 ~ 450 mm，平均年径流深是 100 ~ 300 mm，汛期水量占全年总水量的 65% ~ 80%，河流主要有滹沱河及其支流冶河，滏阳河支流槐河、沙河、洺河、漳河等。区内多数河流源头短水流急，地表土体主要是黄土状土，暴雨集中，植被覆盖较差，北段冲刷严重，水土流失较严重，局部地区发生泥石流；南段水土流失较轻。

第三节 地形地貌

一、地形

河北省太行山区从北向南分为北段、中段、南段三段，滹沱河以北是北段，浊漳河以南是南段，之间地段为中段。太行山山脉雄伟高大，平均海拔 1000 ~ 1500 m，东麓的低山丘陵区海拔为 300 ~ 700 m，相对高差为 100 ~ 500 m，具有山坡下部较陡、绝壁之上存在平缓地的特殊地貌特征。河北省太行山区总体地势是从西北向东南倾斜，区内山峦重叠，沟谷纵横，山峰林立，山河交错，较多山间盆地，海拔 2000 m以上高山很多。在地貌单元上该区可分为中山区、中低山区、低山区和丘陵区四个区域，其中海拔大于 100 m的山地丘陵区面积为 263.38×10^4 hm^2，占该区总面积的 85.2%，而海拔 100 ~ 800 m的土地面积是 203.15×10^4 hm^2，占全区总面积的 65.7%。

二、地貌

从地貌上看，河北省太行山山脉位于山西省黄土高原和华北平原交接地带，属于华北地台。地势西高东低，呈现阶梯状下降趋势。根据海拔分为山前平原区（海拔小于 200 m）、低山丘陵区（海拔 200 ~ 1000 m）及深山区（海拔大于 1000 m）。最高点小五台山处于张家口市蔚县与涿鹿县交界处，海拔是 2882 m，相对高差为 1500 ~ 2000 m。在中低山区、丘陵区有河谷辗转穿越，盆地错落分布，河流短小且分布不均。受东西向和南北向多条断裂影响，河北省太行山区整体地貌特征是山体破碎。经过海侵海退和隆起断陷以后，岩层较丰富，出现了一些特征地貌，如变质岩地貌、石英砂岩地貌、白云岩地貌、火山岩地貌和灰岩地貌等。

首先，研究区是我国的国家地质公园最集中地带之一。太行山拥有典型意义地貌景观组合，从地貌学、地理学、地质学的角度看，均具有深刻科学内涵；从旅游业发展和景观学的角度看，也具有观赏价值和美学价值。截至目前，该区建有 7 个国家地质公园，分别是涞源白石山国家地质公园、阜平天生桥国家地质公园、涞水野三坡国家地质公园、赞皇嶂石岩国家地质公园、武安国家地质公园、邢台峡谷群国家地质公园、临城国家地质公园。其次，在该区内有太行山区特有的嶂石岩地貌。北部为白云岩形成塔峰、峡谷的地貌特色，以在该区北部的涞源白石山和涞水野三坡为代表；中部为古老变质岩形成的山岳地貌特色，以在该区中部西侧阜平县天生桥为代表；南部以长崖、峡谷和嶂石岩为地貌特色，以赞皇嶂石岩、邢台峡谷群为代表，山体上部为石灰岩构成的长崖和峡谷，下部为红色嶂石岩。

第四节　地层岩性

一、地层岩性

河北省太行山区出露地层较齐全，主要由太古宇片麻岩、元古宇碎屑岩、古生界碳酸盐岩、中生界碎屑岩等构成，分布大面积岩浆岩。太古宇主要出露在阜平隆起，古太古界北段称阜平群，南段称赞皇群，以黑云斜长片麻岩、角闪斜长片麻岩为主，新太古界五台群由各种片麻岩、变粒岩、角闪岩、片岩等组成；元古宇主要出露在太行山北段；古生界主要出露在涉县盆地，主要为石灰岩及其变质大理岩，其山间盆地覆盖第四纪黄土；中生界主要分布在太行山南部的丘陵区（图 1–1）。这些地层形成年代古老，经多次构造运动影响，断裂与节理十分发育，岩层破碎，在重力作用与雨水冲刷下，极易形成崩塌或滑坡，并在坡角沟道形成松散堆积。

具体各时代地层岩性分述如下。

1. 太古宇（AR）

太古宇在太行山区广泛出露，出露面积较大，约占出露基岩面积的四分之一，累计厚度达 10000 m，由麻粒岩相至角闪岩相的深变质岩组成，岩性主要有麻粒岩、片麻岩、变粒岩、斜长角闪岩、磁铁石英岩、大理岩等，经多期构造、岩浆和变质作用，部分地段混合岩化强烈，具有片麻状构造、不均匀性及各向异性，裂隙发育，易风化，强度低。

2. 古元古界（Pt_1）

古元古界分布在太行山南段，出路面积较少。岩性主要有变质砂砾岩、千枚岩、二云岩、玄武岩和火山碎屑岩，厚度近 10000 m。岩性复杂，片理、板理发育，节理裂隙较发育，易风化，强度低。

3. 中—新元古界（$Pt_{2\text{-}3}$）

中—新元古界包括蓟县系和青白口系，由一套未变质或轻变质的地台型海相沉积地层构成。主要岩性有含燧石白云岩、石英岩、页岩、砂岩等，厚度小于 3126 m，中厚度，层理较清晰，坚硬、不易风化。

4. 寒武系（Є）

寒武系以海相碳酸盐岩为主，广泛分布于太行山区。主要岩性有厚层—巨厚层石灰岩、白云岩，中厚层—薄层泥灰岩及紫红色页岩夹薄层泥灰岩等，成层条件好，发育岩溶地质现象，坚硬、不易风化。

5. 奥陶系（O）

奥陶系以早中奥陶世封闭至半封闭浅海相含膏盐碳酸盐岩沉降为主，厚度为 200 ~ 900 m。岩性为厚层至巨厚层石灰岩、白云岩、白云质灰岩，以及薄层至中厚层泥灰岩、泥质白云岩、钙质泥灰膏层为主。成层条件好，发育岩溶地质现象，坚硬、不易风化。

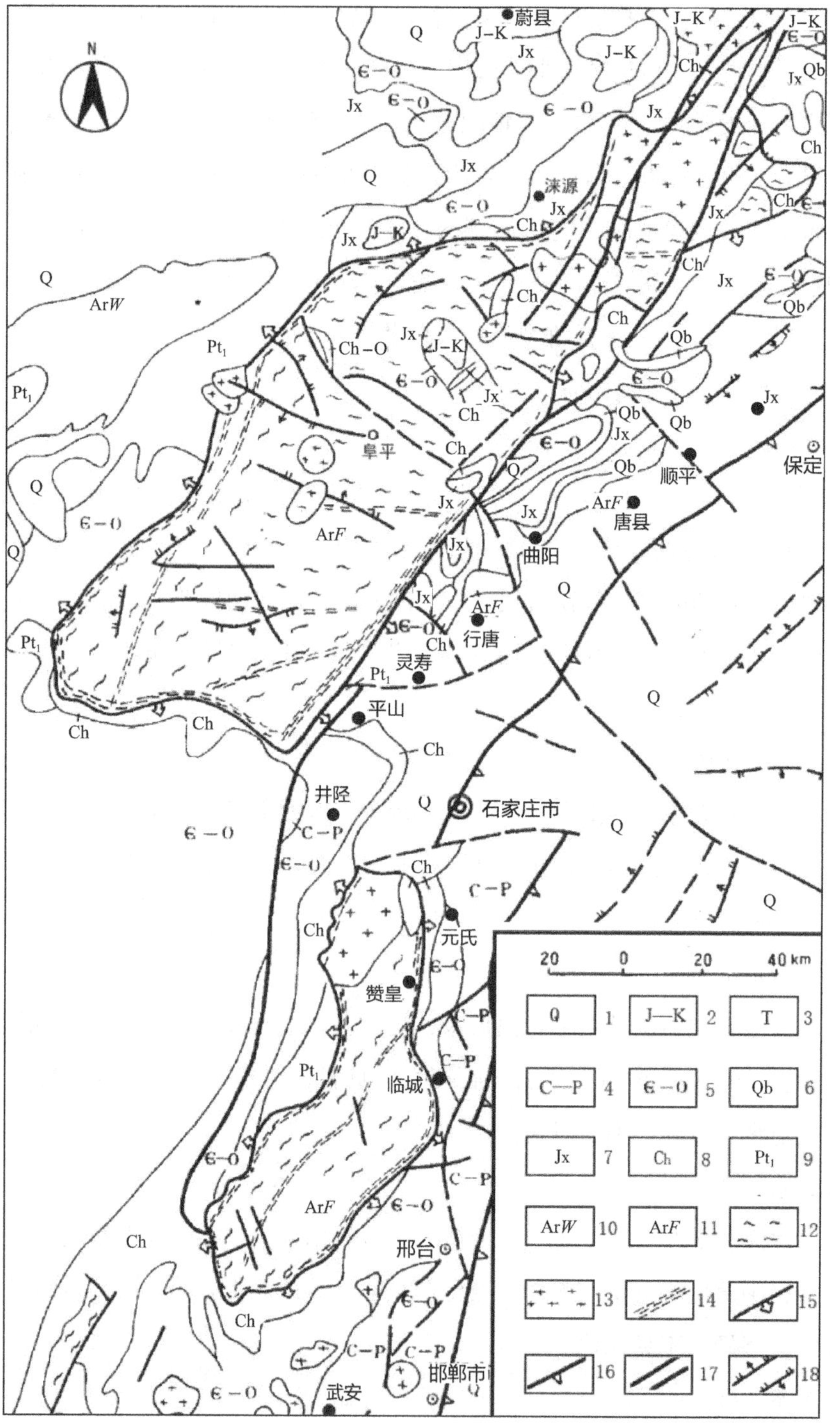

图1–1　河北省太行山区地质及构造图

（据牛树银，1994）

1—第四系；2—侏罗系—白垩系；3—三叠系；4—石炭系—二叠系；5—寒武系—奥陶系；6—青白口系；7—蓟县系；8—长城系；9—古元古界；10—五台群；11—阜平群；12—变质杂岩；13—花岗岩；14—韧性剪切变形带；15—拆离构造带；16—断陷带边界断裂；17—区域性主干断裂、一般断裂；18—正断层、逆断层

6. 石炭系（C）

下石炭统与中奥陶统之间有一个巨大的沉积间断（志留系至泥盆系），剥蚀面上古岩溶发育，形成巨大的陷落柱，属稳定地台型浅海相至滨海沼泽相沉积。主要岩性有粉砂岩、铝土质页岩、碳质页岩夹煤层及薄层灰岩，厚度为 40 ~ 320 m，在太行山中段井陉—临城—峰峰一带较连续分布，太行山北段至燕山南麓，分布于小向斜中，平泉有零星分布。地层条件好，中厚层状，软硬相间。

7. 二叠系（P）

二叠系沉积包括地槽型海相沉积与地台陆相沉积两种类型。其中，地台陆相沉积分布在平泉—怀来—阜平一线以东，下部为灰色砂岩、页岩夹煤层，上部为杂色、紫红色砂页岩，厚度为 255 ~ 1500 m。地层条件好，中厚层状，坚硬。

8. 三叠系（T）

三叠系为一套热干旱气候条件下形成的内陆盆地河流相沉积，岩性以红色砂岩、砂砾岩、泥岩为主，地层总厚度约为 2272 m。中厚层状，坚硬。

9. 侏罗系（J）

侏罗系以复杂陆相火山岩、火山沉积岩系为主。下部为含煤砂页岩系，底部常见玄武岩；中部为河流相红色砂砾岩及安山岩、安山角砾岩、集块岩、凝灰岩；上部为流纹岩、粗面岩、火山角砾岩、凝灰岩。在太行山北段有零星分布，岩性变化较大，质较硬，岩体完整性差，易风化。

10. 白垩系（K）

白垩系由陆相含煤与油页岩的泥岩、砂岩、砂砾岩、安山岩、凝灰角砾岩组成。太行山仅见于临城县竹壁，地层成层条件好。

11. 古近系—新近系（E–N）

古近系—新近系分布在太行山区的阳原、蔚县、涞源、曲阳灵山等地的山间盆地及临城—磁县的山麓地带，始新统—渐新统为紫红色泥岩与砂砾岩层，其中夹煤层，厚 391 ~ 1464 m，中新统为橄榄玄武岩，厚 56 ~ 508 m，上新统为红色黏土夹褐色砾石层，厚度大于 25 m。

12. 第四系（Q）

第四系主要分布在山间盆地、河谷地带及山麓边缘，堆积物类型复杂，有冲积、洪积、湖沼积、坡积、冰水积、洞穴堆积及残积。岩性以未胶结砾石、砂砾石、砂、亚砂土、亚黏土等为主，厚度为 90 ~ 800 m。

二、岩浆活动与火成岩

岩浆活动的地质时代主要为太古宙、元古宙、中生代和新生代。太古宙岩浆活动剧烈，但大部分火成岩均已深变质成各类变质岩类。元古宙的中基性岩、中酸性火山岩、侵入岩也达到较深的变质程度。中生代燕山期，是河北省岩浆活动最强烈的时期，由基性、中性到酸性至偏碱性岩浆经过多期次、多旋回活动，形成了多个岩浆岩侵入体和大面积的巨厚火山岩系，大的面积近 1000 m^2，小的仅几平方米。新生代玄武岩、火山碎屑岩在阳原、蔚县、井陉等山间盆地均有出露。岩体整体性较好，块状，个别岩层易风化。

第五节　地质构造

一、地质构造

太行山在中生代燕山运动时隆起，后经过新生代喜马拉雅运动改造形成山地。由于山西地台发生强烈断裂，断裂西侧和北侧剧烈上升，而在东侧、南侧则大幅度下降，造成本区地势自西北向东南呈梯级下降态势。

区内地质构造发育，基底构造较活跃，受多种构造体系控制，长期以来以间歇性抬升为主，年均上升速度在 3 ~ 5 mm之间。太行山属新华夏构造体系山西背斜边缘，造山带总体呈北北东向展布（图 1–1），由一系列相间排列的隆起和凹陷构成，由南向北依次有武安—涉县凹陷、内丘—赞皇隆起、井陉—获鹿凹陷、岗南—阜平隆起。太行山地区可以划分出四个构造层次，其中基底构造层和盖层构造层均划分为三个亚构造层，活化期构造层划分为两个亚构造层。地质结构的特点，特别是前中生代，与整个华北板块基本一致。

基底构造层可以划分为中太古界、新太古界及古元古界三个亚构造层，主要由各种片麻岩、变粒岩、斜长角闪岩及大理岩组成。中太古界亚构造层主要为阜平群，其下部包括阜平群下亚群的索家庄组、团泊口组和南营组。主要为各种片麻岩，其次为二辉麻粒岩、斜长角闪岩和大理岩，夹少量变粒岩、浅粒岩和磁铁石英岩，原岩可能为基性火山岩夹碎屑岩、镁质碳酸盐岩，变质程度相当于麻粒岩相。上部包括阜平群上亚群的漫山组、木厂组、四道河组、红土坡组，主要为各种片麻岩、浅粒岩、大理岩和斜长角闪岩，原岩主要为陆源碎屑岩夹镁质碳酸盐岩，变质程度主要为高角闪岩相。

新太古界亚构造层包括五台群的板峪口组、上堡组和龙家庄组，分布在中太古界亚构造层的外围，主要由变粒岩、斜长角闪岩、片岩、片麻岩组成，夹大理岩和磁铁石英岩。原岩为中基性火山岩、中酸性凝灰质砂岩、碎屑岩、碳酸盐岩和含铁硅质岩，变质程度相当于低角闪岩相。

古元古界亚构造层在下部主要为变质砾岩、变质砂岩等，中部大多为变质砂岩、板岩夹杂变质玄武岩、大理岩，上部多为玄武岩和火山碎屑岩，顶部为碎屑岩、碳酸盐建造。变质作用轻微，仅达到低绿片岩相。

二、新构造运动与地震

河北省从古近纪—新近纪以来新构造运动的基本格局是：西北部坝上高原整体上升，太行山山区强烈的构造隆起与构造差异运动，一系列山间盆地的形成及山麓地区丘陵与山前古潜山带的形成。第四纪以来则以大面积断块式沉降为主，伴有断裂活动、火山活动和地震活动，火山、地震的发生均与断裂活动密切相关。第四纪构造活动的表现形式及强度在时间、空间上是不均衡的，具有早期升降幅度大，构造变形、断裂及火山活动较为强烈，而晚期及全新世逐渐变弱的规律。尤以早更新世末与中更新世初期构造运动最为强烈。泥河湾组和固安组在局部地区发生了显著的断裂与位移，并在多处发生火山喷发。

第四纪期间山地大面积上升，而山间盆地及谷地则相对下降。山间盆地与周边山地均以断裂为边界，并向盆地中心形成复合型断陷盆地，形成呈北北东向的坳陷与隆起相间的构造格局。第四纪继承了古近纪—新近纪大面积下降的特点，并伴有短暂的局部上升，加之受北西向活动断裂的控制，在这些构造单元内又形成许多相间的凸起和凹陷。

河北省太行山区是我国地震多发区之一，早在公元前231年就有地震记载。有记录显示：6级以上地震16次，其中7级以上地震两次，8级或近8级地震两次，特别是1996年发生在邢台的6.8级和7.2级地震，以及发生在1998年张家口张北县的6.2级地震，造成了严重损失。震中空间分布上明显受深部构造控制，震源深度多在10～25 km之间。

第六节 水文地质特征

一、地下水类型

根据含水介质，河北省太行山区的地下水类型，划分如下。

（一）松散岩类孔隙水

该类地下水在太行山区沟谷与河流两侧分布广泛，包括第四系孔隙水与古近系—新近系孔隙水。太行山区第四系孔隙水主要以潜水为主，砂砾石是主要含水层，单井单位出水量一般为 5 ~ 15m^3/（h·m）。一般地下水矿化度小于 1 g/L，主要是HCO_3–Ca·Mg型水。古近系—新近系孔隙水是承压水。淡水多赋存在新近系中，含水层岩性多为结构松散的砾岩、砂砾岩，厚度一般在 20 ~ 30 m之间，单井的单位出水量为 1 ~ 5 m^3/（h·m）。一般地下水矿化度为 1 ~ 2 g/L，主要为HCO_3–Ca·Mg或HCO_3–Na型水。

（二）碳酸盐岩类裂隙岩溶水

该类地下水主要分布在太行山东麓的涞源、易县、井陉。岩溶地下水大多储存于长城系结晶白云岩、白云质灰岩、硅质灰岩和寒武系、奥陶系白云质灰岩、灰岩、竹叶状灰岩中的裂隙和岩溶中。一般情况下，水量较丰富，但分布不均。在地形有利地段或有良好出水条件地段，常常产生闭合较好的泉水。岩溶发育带较易引发地面塌陷、水库渗漏、矿井突水、地下水污染等灾害。岩溶水补给区的地下水位埋藏较深，开采较困难。岩溶裂隙水的水质主要为重碳酸钙型或钙镁型。

（三）基岩（包括变质岩类、岩浆岩类、碎屑岩类及玄武岩类）裂隙水

基岩裂隙水由太古宇—古元古界变质岩与中生界碎屑岩等层状地层及呈块状的岩浆岩组成。地下水类型主要是浅循环的潜水，水循环深度及风化带是下限，局部区域受深部大断裂影响，水循环较深。地下水的分布及富水性和水化学特征在较大程度上受地貌、岩性及断裂条件控制，具明显各向异性与非均质的特点，含水带的富水性分布很不均匀。泉水出露较少，近几年因为干旱，大部分泉水干涸。含水层主要是风化裂隙，单井出水量较小，多为 5 ~ 10 m^3/（h·m），地下水矿化度为 0.5 ~ 1 g/L，水化学类型主要为HCO_3·SO_4–Na·Mg型。

二、地下水补、径、排条件

太行山山前冲洪积扇地带为地下水良好补给区。太行山区基岩地下水补给方式主要为大气降水和地表水入渗。在太行山区的易县—阜平和井陉—涉县多雨带，地下水补给量较大。沟谷是降水和地表水的汇集区域，具有较好的入渗条件。

太行山山区内的基岩裂隙水，大多储存于风化裂隙中，其径流方向和地形相吻合，多呈面状径流，在充水断裂分布区域多呈网状径流，在岩溶水分布区域多呈脉状径流。

在天然状态下，太行山山区的地下水排泄方式主要为潜水蒸发、河水径流、潜流、

泉和开采。

三、地下水的动态特征

太行山山区的松散岩类孔隙水，开采量较小，处天然状态，属于渗入—径流类型。该区内的岩溶水一般是降水入渗—人工开采、泉排泄类型。在补给区域年水位变幅较大，径流区域中等，排泄区域小。该区内的基岩裂隙水天然状态下属于渗入—径流类型。地下水的动态随气候变化明显。

第七节　工程地质特征

按照成岩作用程度和岩、土颗粒间有无牢固连接，河北省太行山区境内岩、土介质可划分为岩体和土体两大类。

一、岩体

按照建造类型、结构类型及结合强度，可将岩体划分为以下几个类型。

（一）坚硬块状、中厚层状碳酸盐岩组

代表岩性为中元古界以及古生界寒武系和奥陶系的灰岩、白云质灰岩、白云岩等。岩体呈块状结构，坚硬致密，锤击声较清脆，有回弹，震手，难击碎。岩石力学强度高，新鲜岩石单轴抗压强度 120～180 MPa，软化系数大于 0.75，饱和抗压强度大于 90 MPa，饱和系数（K_w）为 0.55，抗拉强度为 3.4～5.1 MPa，工程地质性质良好。表层因长期遭受风化，风化裂隙发育，风化带厚度为 0.5～2.0 m。沟坡上局部岩体较为破碎，易形成小崩塌和碎石块坠落，其碎石多为泥石流提供固体物质来源。

（二）较硬中厚层状碎屑岩组

代表岩性为中元古界石英岩、石英砂岩和砾岩，较坚硬，锤击声较清脆，有轻微回弹，稍震手，较难击碎，有轻微吸水反应，力学强度高。单轴抗压强度大于 80 MPa，软化系数大于 0.55，饱和单轴抗压强度大于 44 MPa。工程地质条件良好。表面风化破碎层及构造破碎带表层碎块石为泥石流灾害的物质来源之一，该类岩体在道路旁容易形成不稳定斜坡和崩塌体。

（三）较硬薄层状碎屑岩组

代表岩性为中新元古界页岩、砂岩、薄板状灰岩。

（四）软弱层状碎屑岩组

代表岩性为白垩系、古近系—新近系砾岩、砂岩、页岩、灰煤层煤线。其单轴抗拉强度大于 3.4 MPa，饱和单轴抗压强度低，一般在 20 ~ 30 MPa之间，软化系数小于 0.75，岩体多呈中厚层状，较软，锤击声不清脆，无回弹，较易击碎，浸水后指甲可刻出印痕。岩体力学强度及风化系数较低，易风化成碎裂状，且该分布区域构造断裂发育，在降水或地震条件下易发生崩塌，岩石碎块成为泥石流灾害的物质来源。

（五）软硬相间中厚层状碎屑岩组

代表岩性为石炭系、二叠系砂岩、黏土岩、泥岩夹页岩和煤层煤线。

（六）坚硬块状岩浆岩组

代表岩性为侏罗系、白垩系的流纹岩、凝灰岩、斑岩、粗面岩、安山岩、安山集块岩、角砾岩，古近系—新近系玄武岩，以及各期岩浆岩体的花岗岩类、闪长岩类。

（七）坚硬块状变质岩组

代表岩性为太古宇各种片麻岩、变粒岩和混合体岩。

（八）较坚硬薄层状变质岩组

代表岩性为太古宇、元古宇板岩、片岩、薄层大理岩。

二、土体

古近系—新近系、第四系松散土层多分布于山间盆地和山间沟谷地区。按照颗粒粒径及其物理学性质，可划分为以下几个类型。

（一）黄土及黄土状土

黄土和黄土状土主要分布在河北太行山区山麓、沟谷、盆地的边缘地带，其地层主要为第四系上更新统（Qp_3）马兰组。垂直节理、陡直沟堑发育，具有轻微的湿陷性，多属于中等压缩性土、其厚度一般为数米至十多米，最高为 30 ~ 40m，黄土及次生黄土常紧密伴生，广布在太行山东麓的各河流上游支流二、三级阶地及山麓边缘地带。据工程地质资料，粉土、粉质黏土的天然含水量为 24.5% ~ 27%，天然密度为 1.82 ~ 2.92 g/cm^3，相对密度为 2.69 ~ 2.7，天然孔隙比为 0.66 ~ 0.88，液限为 24 ~ 38，塑限为 16 ~ 24。承载力特征值为 130 ~ 230 kPa。粉土柱状节理发育，且具湿陷性，湿陷系数为 0.017 ~ 0.049。

（二）膨胀土

河北太行山区膨胀土属于中等膨胀性，多分布于太行山东麓的邢台、邯郸山前地区，其岩性为冰水沉积的染色黏土和残积红土。

（三）砂性土

砂性土多分布于古河道及现代河流两侧，其岩性主要为河流冲积砂土。土体的结构稳定性较好，渗透性好，压缩性差，力学强度较高。土体承载力较好，承载力特征值一般在 300 ~ 500 kPa之间，岩土体工程地质条件良好。

（四）一般性土

一般性土多分布在山间盆地和山区河谷两侧，其岩性主要为粉土、粉质黏土和黏性土等。另外，高压缩性土（淤泥质土）分布较广，主要分布于滨海平原及沼泽洼地。

第八节　土壤植被

一、土壤类型

河北太行山区土壤整体为褐土带，土壤类型有褐土、黄褐土、棕壤、石质土、粗骨土等。该区内地形复杂，盆地、丘陵、低山、中山、阳坡、阴坡等土壤厚薄情况和肥瘦程度均不相同。其中，褐土与棕壤分布最广泛，褐土分布在低山丘陵区，棕壤主要分布于低山地带，两种土壤保水能力均较好，黏度较高，能用作建筑材料。但该区内土壤夹杂碎石、砂砾较多，土层薄，土壤整体肥力差，发育较好的土壤多用作耕地。

二、植被类型

河北省太行山区的植被类型主要为灌丛、灌木草丛及落叶阔叶林。一方面，该区内土壤掺杂石块较多、土层薄、土质较贫瘠、地面坡度较大、透水性强，土地肥力较差。灌木耐瘠薄、耐寒、耐旱，对土壤要求较低，在多雨的阳坡生长茂盛，枝干较细，该区内的灌木主要有连翘、荆条等。乔木对水分和土壤要求较高，区内乔木整体品质较低，主枝干的长度一般，弯曲明显，干径偏小。区内乔木主要有椿木、橡木、杨木、槐木、榆木。另一方面，该区内夏季降水量较大，易诱发地质灾害，影响植被生长。由相关研究可知，河北省太行山区的植被覆盖率和降水量成负相关，即降水量越大的区域植被覆盖率越低，降水也是制约植被生长的主要因素。

同时，不适当的人类活动也会加剧河北省太行山区的水土流失。第一，从元代起，该区是抵御北边入侵的主要屏障，战争时有发生，原始森林被毁坏殆尽；第二，区内耕地面积较少，不能满足对粮食的需求，因此只能开垦陡坡扩大耕地种植粮食作物，不合理的耕垦和建设用地侵占，导致该区内天然林破坏严重，造成土壤侵蚀以及山洪暴发，加重水土流失，影响乔木生长；第三，在长期人类活动下，该区内山坡土层厚度仅有10 cm左右，特别在石灰岩区域，岩石裸露，土层更薄，植被覆盖率较低。为了阻止水土流失，该区实施了退耕还林还草、荒山荒地造林等工程，目前已全面禁止砍伐树木。

第九节　人类工程活动

河北省太行山区内的人类工程经济活动主要以城镇与农村建设、道路工程建设、水利工程建设和矿产资源开发等为主。随着经济建设的快速发展，人类工程活动日益强烈，对地质环境造成较大的破坏，并引发了大量的地质灾害。

一、城镇与农村建设

随着人口的增长、经济的发展以及城镇与农村规模的不断扩大，人类活动居住范围已经逐渐触及泥石流、崩塌等灾害的影响范围。当地居民往往有依山建房的习惯，由于缺乏地质灾害防治的意识，人为地将房屋建在崩塌、滑坡隐患点的下方。同时，人们为取水方便，将房屋建在泥石流沟的堆积区或受泥石流侧蚀的沟岸。另外，沟道附近的某些矿厂选址时，对地质灾害的威胁重视不够，从而处在地质灾害的潜在威胁中。

二、道路工程建设

太行山高速公路和国道G207线从境内穿过，近年来，随着河北省太行山区内高铁、铁路、国道、省道及政府驻地至各乡、镇、村驻地县、村级公路等公路的大规模建设，人类对自然环境的破坏日益加剧。修路削坡，使斜坡稳定性变差，加剧了崩塌、泥石流的发生。近年，大规模建设的等级公路与县、乡、村道路均为“逢山开路、遇水架桥”，人为造成的陡坡破坏了斜坡的稳定，给崩塌、滑坡的发生创造了条件。

三、水利工程建设

随着经济的发展，河北省太行山区已建成大型水库、中型水库及一些小型水库。水库的建设过程中开挖坡脚可能导致崩塌、滑坡，或因水库的蓄、排水导致水库区塌陷，水库蓄水有时还会诱发地震，使原本稳定性较差的斜坡发生崩塌。另外，在河流上游截水（修建水库）、引水会使水文地质条件改变，最终诱发地质灾害的发生。

四、矿产资源开发

河北省太行山区处于非金属和多金属成矿带，已发现的各类矿产有130种，其中，铁矿、煤炭、金矿、钼矿、冶金用白云岩、水泥用灰岩、地热等资源的储量丰富。大部分铁矿分布于邯郸、邢台，煤炭多分布于邯郸、邢台、张家口，有色金属矿产如铅、锌、铜、钼等多分布于张家口、保定，贵金属矿产如金、银等多分布于张家口、石家庄，石灰岩和白云岩等用作建材类的非金属矿产多分布于浅山区。

矿产资源开发在经济建设中起到了十分重要的作用。但是，长期大规模的地下开采，已经形成一定规模的地下采空区，这些采空区也是地面塌陷的易发区。距地表较浅的采空区形成较多的塌陷坑，直接危害地面的道路、民房、农田和草地，严重影响当地人们的正常生活，威胁群众的生命和财产安全。另外，采矿排放的废弃矿渣和选矿排放的尾矿随意堆放，破坏了自然环境，影响了沟谷的正常行洪，增加了松散物质，极易引发泥石流地质灾害。

五、旅游资源开发

河北省太行山区有较多旅游资源可供开发利用，如云台山、通天峡、九龙峡、林州的太行大峡谷、八泉峡、红豆峡、邢台大峡谷、武家湾、八里沟、宝泉等都是绝佳的旅游去处。

近年来，河北省太行山区旅游业发展出新活力。在政策导向上树立全区全季旅游理念，推进全区旅游示范区创建，推动文化旅游产业深度融合、双向赋能、全面提升，推动国家生态公园申报国家4A级旅游景区。随着旅游景区的开发建设，景区地质灾害的频发也给旅游景区的经营及游客人身安全带来了潜在威胁，因此景区的开发选址应避开地质灾害易发区，存在地质灾害隐患的景区要采取相应监测及防护措施。

六、农牧业活动

河北省太行山区人口密度差异较大，有80%的人口为农业人口，分散居住于河谷、沟谷两侧和平原。村民建筑用材、取暖等能源需求主要来自砍伐乔木和灌木，长期以来的乱砍滥伐导致原始植被受到严重破坏，加之山区耕地缺乏，农民在山坡开荒种地及过度放牧，更加大了对自然植被的破坏，水土流失现象严重，为泥石流的频繁发生创造了条件。虽然近几年当地政府加大封山禁牧、植树种草的力度，使局部地区自然环境有所改善，但很多地区仍为荒山秃岭，自然环境没有得到根本改善。

第十节　社会经济概况

河北省太行山区 2022 年生产总值为 4081.17 亿元，占河北省生产总值的 11.27%，其中第一产业的产值为 521.02 亿元，第二产业的产值为 1574.97 亿元，第三产业的产值为 1985.18 亿元，第一、第二和第三产业对经济的贡献率分别是 12.7%、38.6%和 48.5%，人均地区生产总值为 37251 元，比河北省人均地区生产总值（48564 元）低。通过统计可知，该区内 2022 年末总人口为 10955773 人，其中农村人口为 5028855 人，城镇人口为 5926918 人，城镇化比率为 54.10%，比河北省的整体城镇化率（60.07%）低，城镇居民的人均可支配收入为 33973 元，农村的人均可支配收入为 14489 元，比河北省整体平均水平低。由此可以看出，河北省太行山区经济发展水平比河北省整体经济发展水平低。

第二章

河北省太行山区地质灾害类型及发育特征

第一节　地质灾害类型及其危害

一、地质灾害类型

地质灾害形成过程大多是从量变到质变的过程，地震、重力和雨水的作用是外部因素，灾害体的地质条件是内部因素，各种灾害（如崩塌、滑坡、泥石流、地面塌陷等）是表现形式。这些地质灾害常常以突发的形式发生，只有少部分地质灾害以渐变形式发生。

河北省太行山区地质环境条件复杂多样，且区内人类工程经济活动剧烈，由此造成了复杂多样的地质灾害。复杂的地形地貌和岩土体条件，限定了斜坡变形破坏的模式，控制了滑坡、崩塌、泥石流、地面塌陷等灾害的分布及发育特征，决定了河北省太行山区是滑坡、崩塌、泥石流、地面塌陷等地质灾害的易发地区。这些灾害主要分布在沟谷两岸、公路沿线、村庄陡岸及矿区，活动频繁，严重危害当地居民的生命财产安全，一旦发生将造成重大经济损失。

经过对河北省太行山区地质灾害野外调查及各种数据资料的统计，已经发现地质灾害3221处，其中崩塌1007处，占地质灾害点总数的31.26%；滑坡546处，占地质灾害点总数的16.95%；泥石流1225处，占地质灾害点总数的38.03%；地面塌陷443处，占地质灾害点总数的13.76%（图2–1）。按地质灾害规模来分，小型地质灾害1998处，中型地质灾害966处，大型地质灾害257处（图2–2）；各灾种规模分级标准依据《滑坡崩塌泥石流灾害调查规范1：50000》（DZ/T 0261—2014）来划分。

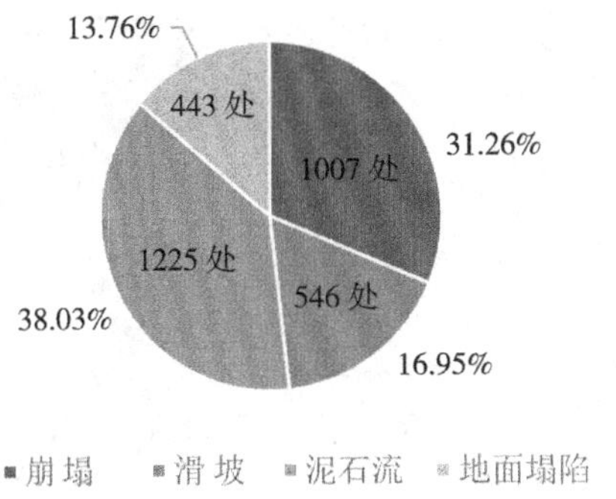

图2–1　河北省太行山区地质灾害类型统计

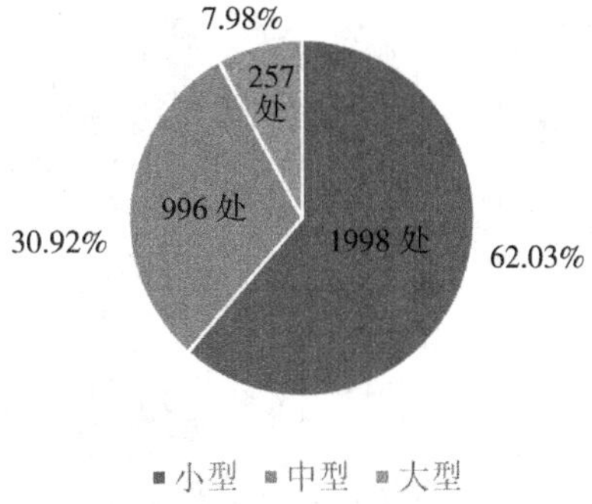

图2–2　河北省太行山区地质灾害规模统计

二、典型地质灾害

（一）典型崩塌灾害

1. 国道（G207）K1285+350 崩塌

国道（G207）K1285+350 崩塌位于河北省阜平县境内。该崩塌所处地貌类型为低山，地形起伏较大，相对高差为 45 m，山体顶部为尖顶，植被覆盖率为 20%。

（1）崩塌体基本特征

崩塌体长 650 m，高 45 m，宽 2 m，坡向 260°，坡度 80°，崩塌规模 5.85×10^4 m^3（图 2–3），规模等级为中型，属自然岩质崩塌，崩塌类型为错断式，微地貌为陡崖，土地利用类型为林地及裸露。

崩塌体整体为基岩陡崖，具临空面，岩性为浅灰白色、灰黑色、灰黄色黑云斜长片麻岩，岩石风化破碎严重，节理裂隙及卸荷裂隙发育，拉张裂隙最长 8 m，节理裂隙发育 3 组，产状分别为 320°∠ 80°、210°∠ 85°、40°∠ 25°，裂隙宽度 1 ~ 5 cm，裂隙最大间距 2 m，最小间距 0.5 m，全风化带深度 15 m，卸荷深度 8.5 m。上部有危岩体，岩块较松动，随时有剥落可能，崩塌体目前稳定性差。现今破坏迹象为剥、坠落。坡体中下部为陡崖，崖体陡立且风化程度严重。坡脚有以往崩落碎石。

（2）崩塌体失稳机理

该崩塌受自然风化及降水等因素影响，形成陡峭边坡。该处坡体风化裂隙及卸荷裂隙发育，降水易沿节理、裂隙入渗侵蚀，坡体容重增大，强度降低，岩块易在重力及振动作用下失稳，上方危岩体松动且紧靠边部，稳定性差，崩落的可能性大。可能失稳因素包括降水、地震、风化及人工振动等。

图2–3　国道（G207）K1285+350崩塌

（3）危害程度

该点以往未因崩塌而造成人员伤亡及财产损失，为地质灾害隐患点。目前崩塌体岩石风化严重，崩塌危岩体发育，崩塌体拉张裂缝、岩体碎块剥落现象严重，该崩塌现状情况下无防治措施，现状情况下威胁水渠 600 m、农田 20 亩[1]、林地 50 亩。

（4）成灾模式

国道（G207）K1285+350 崩塌破坏模式为倾倒式崩塌，其成灾模式为掩埋破坏型。

（5）崩塌成因分析

崩塌为倾倒式崩塌，影响崩塌稳定性的因素可分为自然因素和人为因素，均不同程度地对滑坡的稳定性造成影响。其中，自然因素主要有降水、风化及斜坡的不稳定性等；人为因素主要有人为削坡、坡面排水不畅、地表水渗入岩体等。

A. 降水

由阜平县气象站资料可知，最近 50 年全县平均降水量是 635 mm，6—8 月是降雨集中期，占全年总降水量的 70% ~ 75%。24 小时最大降水量是 201 mm（2011 年 8 月 9 日）。强降水易诱发崩塌灾害。

B. 岩质斜坡的不稳定性

山体上部出露地层岩性为中太古界坊里片麻岩（$Ar_2gn\gamma o$），山体岩体竖向节理发育。在坡度陡峭、高度较大的情况下，易发生崩塌地质灾害。

（6）崩塌稳定性分析

斜坡坡体的岩体结构造成严重破坏，岩体结构松散、坡面裂缝发育，裂缝长 2 ~ 3 m，宽 1 ~ 2 cm，且裂缝有逐渐增大趋势，说明崩塌体目前依然有塌方的迹象，崩塌体处于不稳定状态。在强降水、长降水情况下，降水渗入结构松散的崩塌体后缘，改变了土体的力学性质，因而增加崩塌的可能性。在强降水、长降水情况下，有可能发生崩塌。

2. 平涉线（S202）68 km+500 m公路崩塌

平涉线（S202）68 km+500 m公路崩塌位于河北省井陉县境内。所处地貌类型为低山，地形起伏大，相对高差为 78 m，山体顶部多呈圆状，山体基岩裸露，山坡坡度 25° ~ 75°，坡面以上为林地，植被覆盖率 25%，土地利用类型为裸露。

（1）崩塌体基本特征

崩塌体长 600 m，平均高 60 m，宽 3 m，坡向 220°，坡度 75°，崩塌体规模 $10.8 \times 10^4 m^3$（图 2-4），规模等级为大型，属人工岩质崩塌，崩塌类型为滑移式，微地貌为陡崖，土

[1] 1 亩 ≈666.6 m^2。

地利用类型为裸露。

崩塌体上部为基岩陡崖，可见临空面，岩性为灰岩，颜色为灰白色、褐色，岩石风化破碎，节理裂隙及卸荷裂隙发育，拉张裂隙最长 18 m，节理裂隙发育 3 组，产状分别为 30°∠ 80°、260°∠ 75°、170°∠ 45°，裂隙宽度 1 ~ 8 cm，裂隙最大间距 3.0 m，最小间距 1.2 m，结构控制面最大间距 3.0 m，全风化带深度 4.0 m，卸荷深度 2.5 m。顶部有危岩体 2 块，块度为 4 m × 2 m × 1.5 m、2 m × 1.5 m × 1.5 m，岩块较松动，近直立且向坡下倾斜，有随时剥落可能，崩塌体目前稳定性差。现今破坏迹象为剥、坠落及拉张裂缝。坡体下部为陡坡，坡面以上为坡积碎石，碎石粒径最大 30 cm，中等 10 cm，最小 2 cm。坡底有少量松散物堆积，堆积体稳定性差。

（2）崩塌体失稳机理

该崩塌由于修路削坡而形成陡坡，受自然风化及水蚀、面蚀影响，形成陡峭边坡。该处坡体风化裂隙及卸荷裂隙发育，雨水极易沿节理、裂隙入渗侵蚀，坡体容重增大，强度降低，拉张裂缝逐渐加大，岩块易在重力作用下失稳，上方危岩体稳定性差，且向顺坡方向倾斜，滑落的可能性大。可能失稳因素包括降水、地震、风化及人工振动等。该崩塌破坏模式为拉裂式。

（3）危害程度

该点从未发生过崩塌，为地质灾害隐患点。目前，崩塌体岩石风化严重，坡面上部发育危岩体，崩塌体已出现拉张裂缝、岩体碎块剥落的现象，现状情况下威胁公路 620 m 及过往车辆行人安全。

（4）成灾模式

平涉线公路崩塌破坏模式为滑移式，其成灾模式为冲击破坏型、掩埋破坏型。

（5）崩塌成因分析

图2–4　平涉线公路崩塌

崩塌为倾倒式崩塌，影响崩塌稳定性的因素可分为自然因素和人为因素，均不同程度地对滑坡的稳定性造成影响。其中，自然因素主要有降水、风化及斜坡的不稳定性等；人为因素主要有人为削坡、坡面排水不畅、地表水渗入岩体等原因。

A. 降水

井陉县年降水量一般为 430 ~ 500 mm，多年平均降水量为 505 mm。多年来，最大降水量为 1032 mm（1996 年）；最小降水量为 299 mm（1997 年），本县大雨一般自 6 月开始，到 9 月底结束，集中在 7、8 两月，可占年总次数的 75%左右。强降雨易诱发崩塌灾害。

B. 岩质斜坡的不稳定性

山体上部出露地层岩性为中奥陶统马家沟组（O_2x）灰岩，山体岩体节理发育，岩体被切成块体，块体沿倾向临空面的结构面滑动，在坡度陡峭、高度较大的情况下易发生崩塌地质灾害。

C. 人为因素

修建坡脚道路时人工削坡，使坡体不稳，易发生崩塌。高陡边坡形成后，由于坡角变陡，且坡面不合理，致使降水后地表水排泄不畅，降水渗入降低了斜坡的稳定性。

（6）崩塌稳定性分析

斜坡坡体的岩体结构造成严重破坏，岩体结构松散、坡面裂缝发育，裂隙相互切割形成的块体有沿倾向临空面滑动的趋势，崩塌体处于不稳定状态。在强降水、长降水情况下，强水渗入结构松散的崩塌体后缘，改变了岩体的力学性质，因而增加崩塌的可能性。

3. 清风村白岭寨崩塌

（1）基本特征

清风村白岭寨崩塌位于平山县北冶乡清风村境内，清风村处于北冶乡南部，距离乡政府驻地 8 km。东距离井陉县 10 km，西距离恶石村 2.5 km，南距离山西省盂县 3 km，北距离塔崖村 2.5 km。清风村白岭寨崩塌威胁 4 户 19 人，房屋多建于坡下。

清风村白岭寨崩塌所处地貌类型为侵蚀构造低山区，海拔在 410 ~ 600 m之间，相对高差为 60 m，山势较陡峭，坡度在 70° ~ 89°之间。区内山体灌木较发育，植被覆盖率较高，坡体下部为民房及耕地。区内主要出露地层有古元古界长城系常州沟组石英砂岩及第四系，常州沟组地层产状 90°∠ 10°。

崩塌体长 150 m，高 60 m，宽 5 m，坡向 145°，坡度 85°，估算该危岩带体积约 9000 m^3

（图 2–5）。危岩带岩体风化程度较重，节理裂隙发育，将岩体切割呈块状，属自然岩质崩塌，崩塌类型为倾倒式，微地貌为陡崖，土地利用类型为林地及裸露。

崩塌体整体为基岩陡崖，具临空面，岩性为石英砂岩，颜色为红色，岩石风化破碎严重，节理裂隙及卸荷裂隙发育，拉张裂隙最长 7 m，节理裂隙发育 3 组，产状分别为 150°∠ 80°、230°∠ 85°、185°∠ 70°，裂隙宽度 1 ~ 5 cm，裂隙最大间距 2 m，最小间距 0.5 m，卸荷深度 5 m。上部有危岩体，岩块较松动，随时有剥落可能，崩塌体目前处于欠稳定状态。现今破坏迹象为剥、坠落。坡体中下部为陡崖，崖体陡立且风化程度严重。坡脚有以往崩落碎石。

（2）崩塌体失稳机理

该崩塌体受自然风化及降水等因素影响，形成陡峭边坡。该处坡体风化裂隙及卸荷裂隙发育，降水易沿节理、裂隙入渗侵蚀，坡体容重增大，强度降低，岩块易在重力及振动作用下失稳，上方危岩体松动且紧靠边部，稳定性差，崩落的可能性大。可能失稳因素包括降水、地震、风化及人工振动等。

（3）危害程度

该点以往未因崩塌而造成人员伤亡及财产损失，为地质灾害隐患点。目前，崩塌体岩石风化严重，崩塌危岩体发育，崩塌体拉张裂缝、岩体碎块剥落现象严重，该崩塌现状情况下无防治措施，现状情况下威胁 4 户 19 人，威胁财产 50 万元。

（4）成灾模式

清风村白岭寨崩塌破坏模式为倾倒式，其成灾模式为掩埋破坏型。

图2–5　北冶乡清风村白岭寨崩塌

（5）崩塌成因分析

崩塌为倾倒式崩塌，影响崩塌稳定性的因素可分为自然因素和人为因素，均不同程度地对滑坡的稳定性造成影响。其中，自然因素主要有降水、风化及斜坡的不稳定性等；人为因素主要有人为削坡、坡面排水不畅、地表水渗入岩体等。

4. 营里乡桃园村（Y502）乡道崩塌

（1）基本特征

桃园村（Y502）乡道崩塌位于平山县营里乡桃园村境内，地理坐标为东经113°38′18.7″，北纬38°30′19″。营里乡处于平山县西部，东部与蛟潭庄镇接壤，南部连接小觉镇，西部与杨家桥乡相邻，北部与山西省阳泉市盂县和忻州市五台县相接。桃园村（Y502）乡道崩塌发生于2021年11月至2022年3月之间，受重力影响，该灾害点一直有零星石块掉落，2022年3月5日凌晨1点左右，该点发生较大规模崩塌。

桃园村（Y502）乡道崩塌所处地貌类型为侵蚀构造低山区，营里乡地貌属山地类型，海拔460～1700 m，山地坡度小于25°的占总面积40%。区内山体灌木较发育，植被覆盖率较高。区内主要出露地层有太古宇片麻岩及第四系。

营里乡属于温湿润季风性大陆气候，四季分明。年平均气温10～12.5℃，昼夜温差大。多年降水量为537～660 mm，降水主要集中于6—9月，根据水文站的记录，6–9月的多年平均降雨量为464 mm。

崩塌体长80 m、高20 m、宽5 m、坡向95°、坡度85°，估算该危岩带体积约$0.8\times10^4\ m^3$（图2–6）。危岩带岩体风化程度较重，节理裂隙发育，将岩体切割呈块状，属岩质崩塌，崩塌类型为倾倒式，微地貌为陡崖，土地利用类型为林地及裸露。

崩塌体整体为基岩陡崖，具临空面，岩性为片麻岩，颜色为灰黑色、灰黄色，岩石风化破碎严重，节理裂隙及卸荷裂隙发育，裂隙宽度1～5 cm，裂隙最大间距0.5 m，卸荷深度5 m。上部有危岩体，岩块较松动，随时有剥落可能，崩塌体目前处于欠稳定状态。现今破坏迹象为剥、坠落。坡体中下部为陡崖，崖体陡立且风化程度严重。坡脚存有以往崩落碎石。

（2）崩塌体失稳机理

该崩塌体受自然风化及降水等因素影响，形成陡峭边坡。该处坡体风化裂隙及卸荷裂隙发育，降水易沿节理、裂隙入渗侵蚀，坡体容重增大，强度降低，岩块易在重力及振动作用下失稳，上方危岩体松动且紧靠边部，稳定性差，崩落的可能性大。可能失稳因素包括降水、地震、风化及人工振动等。

图2-6　营里乡桃园村（Y502）乡道崩塌

（3）危害程度

2021年11月至2022年3月，受重力影响，该灾害点一直有石块零星掉落。2022年3月5日凌晨1点左右，该点发生较大规模崩塌，堵塞道路。目前，崩塌体岩石风化严重，崩塌危岩体发育，崩塌体拉张裂缝、岩体碎块剥落现象严重，该崩塌现状情况下无防治措施，威胁乡道100 m、威胁财产3万元。

（4）成灾模式

桃园村（Y502）乡道崩塌破坏模式为倾倒式崩塌，其成灾模式为掩埋破坏型。

（5）崩塌成因分析

崩塌为倾倒式崩塌，影响崩塌稳定性的因素可分为自然因素和人为因素，均不同程度地对滑坡的稳定性造成影响。其中，自然因素主要有降水、风化及斜坡的不稳定性等；人为因素主要有人为削坡、坡面排水不畅、地表水渗入岩体等。

（二）典型滑坡灾害

1.省道（S241）孙庄子乡段公路滑坡

（1）交通位置

省道（S241）公路滑坡位于怀来县孙庄子乡孙庄子村南200 m处，交通便利。2012年，该滑坡已发生滑动。

（2）滑坡区工程地质条件

A. 地形地貌

滑坡所在地貌单元属于黄土梁地貌区，沟壑纵横。滑坡位于山体南东向斜坡上，斜坡总体倾向310°，整体坡度较陡，平均坡度65°，滑坡前缘为省道（S241）公路。

B. 地质构造

区内新构造运动不明显，区内未见断层通过，地质构造对该滑坡影响不大。

C. 地层岩性

通过现场勘察，发现区域内与滑坡相关的地层主要为第四系上更新统马兰黄土。第四系上更新统马兰组岩性一般为黄、灰黄、棕黄色粉砂土和亚砂土。其结构疏松，颗粒细而均匀，质纯，具大孔隙，无层理，垂直节理十分发育。

D. 水文地质条件

根据含水介质的岩类特征和地下水赋存条件，区内地下水为松散岩类孔隙水。

河谷区含水层岩性主要为全新统及中、上更新统冲积、冲洪积砂砾石层，地下水位埋深2.5～15 m，涌水量0.05～0.8 m^3/d。水化学类型为$HCO_3 \cdot SO_4-Ca \cdot Mg$型或$SO_4 \cdot HCO_3-Ca$型，矿化度一般小于0.5 g/L。地下水主要接受大气降水补给，排泄途径主要是人工开采、蒸发和补给基岩裂隙水。黄土梁、峁区为上、中更新统砂土，因地形较高，且沟壑纵横，储水条件较差，富水性相对较弱。地下水接受大气降水及基岩裂隙水侧向补给，主要以泉的形式排泄至地表。

（3）滑坡边界、规模及形态特征

省道（S241）公路滑坡是黄土滑坡，平面形状呈矩形，滑坡体坡高25 m，坡长30 m，坡宽150 m，滑坡体厚约4 m，为浅层滑坡，面积约4500 m^2，滑体体积约$1.8 \times 10^4 m^3$，主滑方向310°（图2-7）。从现场调查看来，滑体物质的组成，主要为第四系上更新统马兰黄土，滑动面位于第四系上更新统马兰黄土内，滑床为第四系上更新统马兰黄土。从滑坡的地形地貌等特征分析，坡体上陡下缓，后壁坡度约85°，下部滑体坡度约55°，整体坡度偏陡，坡脚有修建的高约30 cm的挡墙。该滑体是第四系上更新统马兰黄土，竖向节理发育，土质疏松，坡体在自重作用下向临空方向变形，造成黄土的竖向裂隙向纵深发展，滑体沿次结构面容易造成滑动；在降水作用下，坡体中的竖向节理容易形成落水洞，降水沿竖向节理及落水洞渗入土体中，致使土体的抗剪强度降低，加之坡体前缘临空条件较好，极易造成坡体滑动。在强降水作用下该滑坡体会再次发生滑动，威胁省

图2-7 省道（S241）滑坡

道（S241）、车辆和行人安全，危害性较大。

2. 古月镇猫石村滑坡

（1）交通位置

古月镇猫石村滑坡位于河北省石家庄市平山县古月镇猫石村，在平山县西北部，东部邻温塘镇，南部与绣惠镇和井陉县辛庄乡相邻，西部连接北冶乡，北部接下槐镇。省道（S301）从古月镇内经过（图 2-8）。

（2）气象

平山县属暖温带半湿润季风大陆性气候。四季分明，光照充足。年均降水量为 530～690 mm，最大年降水量为 1209 mm（1996 年），最大 24 小时日降水量为 76 mm（1999 年），最大 1 小时降水量为 50 mm（1996 年），最小年降水量为 240.8 mm（1997 年），降水量分布不均，50%降水主要集中在 7—9 月。

（3）滑坡区工程地质条件

1）地形地貌。滑坡所在地貌单元属于山前丘陵，地势上西部高东部低、南部高

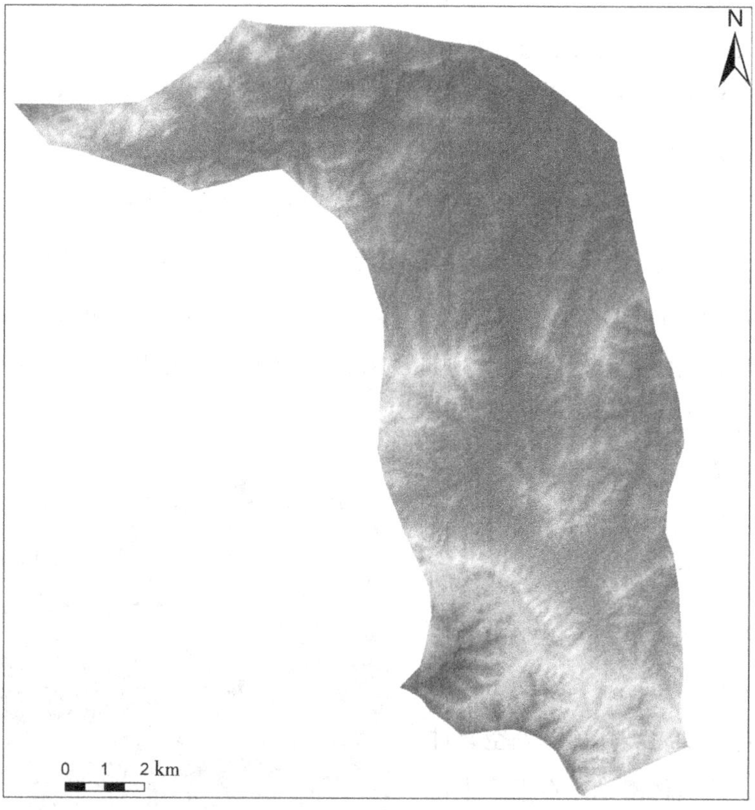

图2-8　古月镇猫石村滑坡位置

北部低，沟壑纵横。滑坡位于山体北西向的斜坡上，斜坡总体倾向 160°，斜坡上陡下缓，坡体上部坡度约 75°，中前部约 45°，平均坡度 55°，滑坡前缘为公路。滑坡后缘高程为 758 m，前缘高程为 733 m，前后缘相对高差为 25 m。

2）地质构造。勘查区内新构造运动不明显，区内未见断层通过，地质构造对该滑坡影响不大。

该区属于弱震区，根据《中国地震动参数区划图》（GB 18306—2015），本区地震动峰值加速度为 0.05 g，相应地震基本烈度为Ⅵ度。

3）地层岩性。通过现场勘察，发现区域内与滑坡相关的地层主要是第四系和古元古界长城系常州沟组（Chc）组成。

第四系上更新统马兰组岩性一般为黄、灰黄、棕黄色粉砂土和亚砂土。其结构疏松，颗粒细而均匀，质纯，具大孔隙，无层理，垂直节理十分发育。

长城系常州沟组（Chc）为灰黑、灰黄色石英砂岩组成的陆相沉积碎屑岩系。

4）水文地质条件。水文地质条件较为简单，主要为松散岩类孔隙水，广泛分布于第四系上更新统马兰黄土内。含水层岩性主要为上、中更新统粉土、粉质黏土，因坡体垂直节理发育，透水性强，储水条件较差，边坡一般不含水，富水性弱。地下水主要接受大气降水补给，下渗补给河谷区孔隙水。沉积碎屑岩裂隙水，为浅层风化裂隙含水，水量很小。

（4）滑坡边界、规模及形态特征

该滑坡位于古月镇猫石村北侧山坡上，滑坡整体呈东西向展布，滑坡体在平面上呈半圆形（图 2-9）。从地形地貌来看，滑坡周界非常明显。滑坡纵向长约 90 m，横向长约 40 m，面积约为 $0.36\times10^4\,m^2$，滑坡体的主滑动方向 160°。该段边坡高约 25 m，坡向约 160°，坡面呈折线形，上陡下缓，边坡上部为 15 ~ 20 m的陡坎，坡度很陡，约 75°，边坡下部坡度逐渐变缓，约 55°。边坡坡面侵蚀较为严重，坡体存在碎石剥离、掉块等现象。

（5）滑体物质特征及滑床特征

滑体物质组成主要为残坡积碎石土，滑体较薄，厚约 3 m。岩性为块、碎石土，其间充填砂土、少量角砾土，块、碎石成分为石英砂岩、岩屑砂岩、砾岩，大小混杂，最大块石直径 20 cm。表层疏松，中下部中密–稍密，硬塑–软塑状态。

滑面为碎石土与基岩接触界面滑动，滑面呈折线形。滑床为古元古界长城系常州沟组石英砂岩，岩层产状 175°∠ 35°，岩体较破碎。

图2-9 古月镇猫石村滑坡

（6）滑坡成因分析

A. 影响滑坡发生的主要因素

根据滑坡的变形特征分析，滑坡主要受下列因素影响：

1）地形：从局部地形看，该谷坡原始地形坡角较大。由于削坡修路，该滑坡坡脚遭到人为开挖，同时地表水仍对坡脚进行冲刷，这种地形条件有利于滑坡的发生。

2）地层岩性：根据钻孔揭露，组成坡体的岩性主要为第四系残坡积碎石土和中元古界长城系常州沟组石英砂岩。残坡积碎石土结构松散，易渗水，下部石英砂岩起隔水作用，当水下渗后，抗剪强度显著降低，易形成滑动面。

3）水：是诱发滑坡最活跃的因素，包括降水渗入、地表水（特别是洪水冲蚀）以及地下水的潜蚀和浸润作用等。降水入渗既能增大松散土体容重，又能浸润接触面（滑面）；地表水的侵蚀冲刷，造成坡体前缘和侧缘临空从而诱发坡体下滑；多雨季节地下水回升形成上层滞水软化接触面及层面，均对滑坡的发生起重要作用。该处多年平均降水量 609 mm，最大降水量为 1209 mm（1996 年），最小降水量为 240.8 mm，且集中在 7—9 月。在强降水、长降水情况下，降水渗入结构松散的滑坡土体，改变了土体的水力学性质，增加了土体的流塑性，降低了土体黏聚力，因而增加滑坡的可能性。

4）人为：斜坡坡脚处为G207 国道，斜坡坡脚不合理的人工削坡也可能导致斜坡破坏。

B. 滑坡成因分析

组成坡体的岩性为残坡积碎石土、石英砂岩；残坡积碎石土有利于降水入渗，下部石英砂岩起隔水作用，降水入渗既增大土体容重，碎石土遇水抗剪强度显著降低，加之不合理的人工削坡，极易发生滑动。

3. 杏树台滑坡

杏树台滑坡位于河北省平山县宅北乡杏树台村境内。地理坐标：东经 113°57′43.85″，北纬：38°31′19.75″。县级公路（X052）经过村内。1963 年，发生过滑动，2016 年强降雨再次滑动。

（1）研究区工程地质条件

A. 地形地貌

该斜坡位于侵蚀构造低山小区，微地貌形态为斜坡，坡体类型为顺向坡，坡度 40°～50°，坡向 260°，为修建县级公路（X052）在坡脚处进行了人工切坡，切坡高度 2～3 m，坡向西，切坡角度 75°以上，整体稳定性较差。地形整体起伏小，地貌类型单一。

B. 地层岩性

主要出露地层下覆基岩为中太古界阜平群花岗片麻岩，上覆为第四系残坡积土和第四系滑坡堆积土，与下覆基岩为不整合接触。

花岗片麻岩为块状结构，片麻理构造，产状 220°～270°∠ 40°～50°，矿物成分为长石、石英、云母和角闪石，风化程度为全–强风化，岩体强度较高。

残坡积土分布斜坡表层，厚度 1～3 m，单层结构，松散，碎石含量约 60%，最大粒径 1 m左右（辉长岩）。

第四系滑坡堆积碎石土堆积于滑坡中下部，碎石含量 60%，最大粒径 80 cm。

C. 地质构造

大地构造为中朝准地台山西断隆五台台拱阜平穹褶束，为褶皱一翼，推断为正断层下盘，断层走向近南北，片麻理产状 220°～270°∠ 40°～50°，主要发育两组节理：280°∠ 80°、190°∠ 75°。

D. 岩土类型与工程地质特征

第四系滑坡堆积碎石土，结构松散，渗透性强，力学性质差。第四系残坡积土，结构松散，渗透性强，力学性质一般。软弱岩体：全风化–强风化花岗片麻岩，渗透性强，力学性质一般。半坚硬岩体：中风化花岗片麻岩，渗透性弱，力学性质较好。

E. 地表水与地下水特征

调查期间未见地下水出露，地下水为基岩裂隙水和第四系松散孔隙水，一方面受大气降雨补给，区内斜坡坡度较陡，覆盖层结构松散，坡体内有多处存在裂隙，降雨沿裂隙入渗转化为松散层孔隙潜水和基岩裂隙水；另一方面降雨沿坡面形成径流，沿土体下渗在基覆界面富集运移。坡脚前缘西部 40 m为季节性河流，流量较小。

F. 植被与土地利用

斜坡植被以灌木、乔木和草地为主，覆盖率 70%左右，土地利用类型为林地。

G. 人类工程活动

因修建道路切坡，使得坡脚处开挖形成陡边坡，坡面有架设通信线路对坡体稳定性有一定影响，其次滑坡体南侧有居民修建房屋进行切坡，对坡体稳定性有一定影响。

（2）滑坡体特征

滑坡整体形态呈半圆形，前缘宽 45 m，高程 501 m，后缘高程 525 m，相对高差 25 m。滑坡后壁高约 2 m，坡度约 80°，倾向 250°，右侧壁高约 1 m，坡度 75°，倾向 175°，左侧壁高约 2 m，坡度 70°，倾向 10°，前缘剪出口位于切坡处，主滑方向 260°，斜坡坡长 40 m，滑坡面积约 1200 ㎡，滑坡体平均厚度 2 m，滑坡体方量约 2400 m^3，属小型牵引式滑坡。坡面上有马刀树和醉汉林。滑坡中部有台坎，长 2 m，宽 1 m左右。

该滑坡为顺向堆积层滑坡，滑坡体岩性为第四系残破积层碎石土，滑面碎石土与花岗片麻岩分界面，滑床为中太古界阜平群花岗片麻岩（图 2-10、图 2-11、图 2-12），产状为 260°∠ 30° ~ 45°，滑面总体近似直线，有一定起伏（图 2-13）。

（3）成因分析

滑坡体物质是碎石土，结构松散，在强降雨作用下，雨水较容易地进入土体与基岩

图2-10　杏树台滑坡全貌

图2-11　滑坡体及后缘

图2–12　滑坡体及后缘

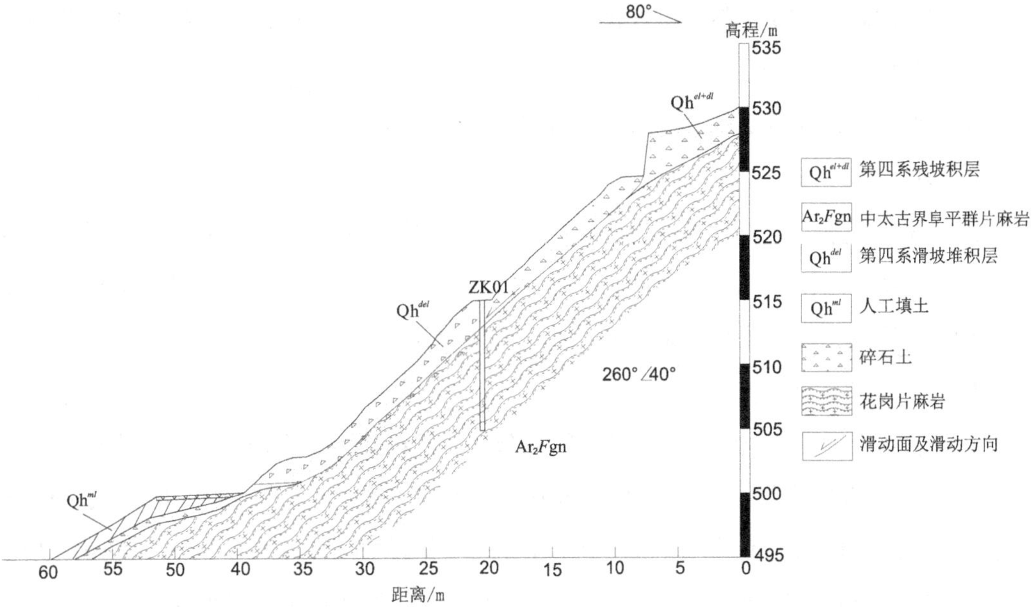

图2–13　纵剖面图

接触界面，基岩是花岗片麻岩，透水性较小，起到了隔水作用。强降雨及地表水通过松散土层汇集到滑床处，一方面雨水对滑动面的土颗粒有泥化、软化作用，降低抗剪强度，另一方面，滑体底部受到水的静水压力作用及滑体容重的增加，使滑体稳定性大大地降低。

（4）滑坡灾情

滑坡承灾体为县道（X052）和输电线路和通讯线路，潜在经济损失50万元；该滑坡前缘临空，坡面上植被有明显的变形迹象，坡面发育有裂缝，综合其特征，考虑其活动性高；该滑坡威胁县级公路，危害性等级划分为中；将活动性和危害性两者叠加风险等级为高。

4. 省道（S241）官厅镇段公路滑坡

（1）滑交通位置

省道（S241）公路滑坡位于怀来县官厅镇石片村村西50 m处，交通便利。2015年，该滑坡已发生滑动。

（2）滑坡区工程地质条件

A. 地形地貌

滑坡所在地貌单元属于黄土梁地貌区，沟壑纵横。滑坡位于山体北—东方向的斜坡上，斜坡总体倾向330°，整体坡度较陡，平均坡度60°，滑坡前缘为省道（S241）公路。

B. 地质构造

区内新构造运动不明显，区内未见断层通过，地质构造对该滑坡影响不大。

C. 地层岩性

通过现场勘察，发现区域内与滑坡相关的地层主要是第四系上更新统马兰黄土。第四系上更新统马兰组岩性一般为黄、灰黄、棕黄色粉砂土和亚砂土。其结构疏松，颗粒细而均匀，质纯，具大孔隙，无层理，垂直节理十分发育。

D. 水文地质条件

根据含水介质的岩类特征和地下水赋存条件，区内地下水为松散岩类孔隙水。

河谷区含水层岩性主要为全新统及中、上更新统冲积、冲洪积砂砾石层，地下水位埋深2.5 ~ 15 m，涌水量0.05 ~ 0.8 m^3/d。水化学类型为$HCO_3 \cdot SO_4$–$Ca \cdot Mg$型或$SO_4 \cdot HCO_3$–Ca型，矿化度一般小于0.5 g/L。地下水主要接受大气降水补给，排泄途径主要是人工开采、蒸发和补给基岩裂隙水。黄土梁峁区为上、中更新统砂土，因地形较高，且沟壑纵横，储水条件较差，富水性相对较弱。地下水接受大气降水及基岩裂隙水侧向补给，主要以泉的形式排泄地表。

（3）滑坡边界、规模及形态特征

省道（S241）公路滑坡是黄土滑坡，周界清晰，平面形状呈近似矩形（图2–14），滑坡后壁高约2 m，滑坡体坡高20 m，坡长35 m，坡宽70 m，滑坡体厚约5 m，为浅层滑坡，面积约 2450 m^2，滑体体积约 $1.225 \times 10^4 m^3$，主滑方向 330°。从现场调查看来，滑体物质的组成，主要为第四系上更新统（Qp_3）马兰黄土，滑动面位于上更新统马兰黄土内，滑床为上更新统马兰黄土。从滑坡的地形地貌等特征分析，坡体上陡下缓，后壁坡度近直立，中上部滑体坡度约 65°，下部滑体坡度约 55°，整体坡度偏陡。该滑坡坡体是第四系上更新统马兰黄土，竖向节理发育，土质疏松，坡体在自重作用下向临空方向变形，造成黄土的竖向裂隙向纵深发展，滑体沿次结构面容易造成滑动；在雨水作用下，坡体中的竖向节理容易形成落水洞，雨水沿竖向节理及落水洞渗入土体中，致使土体的抗剪强度降低，加之坡体前缘临空条件较好，极易造成坡体滑动。在强降雨作用下该滑坡体会再次发生滑动，威胁 241 省道、车辆和行人，危害性较大。

5. 指角沟村滑坡

图2–14　滑坡全貌

（1）交通位置

指角沟村滑坡位于平山县宅北乡指角沟搬迁新村北侧，地理坐标为东经 113°59′43.27″、北纬 38°28′25.27″。

（2）地形地貌

研究区地形是北高南低、西高东低。所处地貌是侵蚀构造低山亚区（II_{2-3}）和剥蚀丘陵亚区（II_{3-3}）。

A. 侵蚀构造低山亚区（II_{2-3}）

低山小区。该区的岩性主要是变质岩，山顶浑圆，海拔 500 ~ 1000 m，山坡坡度 25° ~ 45°之间，沟谷切割较浅。

B. 剥蚀丘陵亚区（$Ⅱ_{3-3}$）

丘陵小区。该区的岩性主要是变质岩，海拔 500 m以下。

（3）地层岩性

中太古界阜平群（Ar_2F）片麻岩、变粒岩、斜长角闪岩、浅粒岩等变质岩。

（4）地质构造

大地构造为中朝准地台山西断隆五台台拱阜平穹褶束，为褶皱一翼，推断为正断层下盘，断层走向近南北。

（5）灾害基本特征

指角沟村滑坡是岩质滑坡，周界清晰，滑坡后壁高约 1 m，坡度约 80°，倾向 180°。平面形状呈近似半圆弧形（图 2–15）。滑坡体长约 150 m，宽约 120 m，厚约 15 m，滑坡体积约为 $27 \times 10^4 m^3$，属于中型牵引式滑坡，主滑方向 180°。滑体物质为中太古界阜平群（Ar_2F）片麻岩、变粒岩、斜长角闪岩、浅粒岩等变质岩，岩体破碎。滑坡体坡度 35°。推断滑面为变质岩与侵入岩界面。

此滑坡后壁及两侧擦痕新鲜，滑体岩体裂隙发育，将岩体分为较多的切割体，前缘有挤出变形等迹象（图 2–16）。

（6）滑坡成因分析

图2–15　滑坡全貌

图2–16　滑坡前缘

A. 岩性条件

该坡体所处地层岩性是中太古界阜平群（Ar_2F）片麻岩、变粒岩、斜长角闪岩、浅粒岩等变质岩。岩体裂隙发育，较破碎，为地表水的入渗提供了良好的通道，地表水和地下水入渗，岩体易于饱和，其抗剪强度降低，较易形成滑坡。

B. 诱发因素

由于在山脚下修建房屋，在坡脚处削坡，切坡宽度约 200 m，进深不小于 40 m，削坡形成高陡边坡，斜坡原有应力发生改变，稳定性降低，使得山体表层部分岩石失去支撑，诱发滑坡的形成。

强降雨是该滑坡的诱发因素。2021 年 7 月 20 日下午石家庄普降大暴雨，到 22 日 7 时，平均降水量达 134.2 mm，199 个雨量站降水量超过 100 mm，其中平山雨量站降水量超过 200 mm。雨水沿裂隙渗入岩体，长时间连续暴雨使岩体处于饱水状态，降低岩层之间摩擦力，使岩体的动水压力、静水压力均变大，斜坡的稳定性降低，增加了失稳的可能。

（7）滑坡灾情

该滑坡在 2021 年 7 月 22 日凌晨 3 时左右突然发生滑动，损毁在建房屋 15 间，未造成人员伤亡，损坏村北侧山坡太阳能发电站光伏板及附属设施约 2500 m^2，造成直接经济损失约 200 万元。

（三）典型泥石流灾害

1. 元氏县佃户营泥石流

（1）地理位置

佃户营村坐落于河北省元氏县西部（图 2-17）。佃户营泥石流沟由代家沟、圈门沟和凉泉沟组成（图 2-18），流域面积为 3.515km^2。佃户营村在 1996 年 8 月 3—4 日连续普降大暴雨，24 小时降水量高达 600 mm，造成代家沟、圈门沟和凉泉沟在 1 天之内先后发生了泥石流灾害，致使 26 人死亡，39 人受伤，其中受重伤的有 8 人，房屋 950 间被毁坏，耕地约 67 hm^2 被冲毁，冲毁了村办选矿厂。

（2）泥石流形成机理

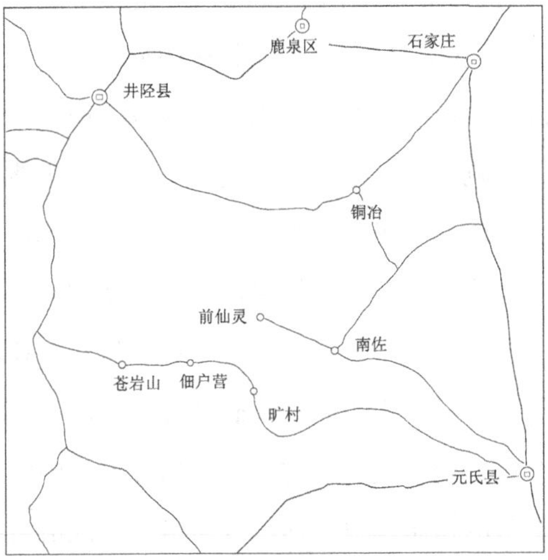

图2-17　元氏县佃户营村泥石流交通位置图

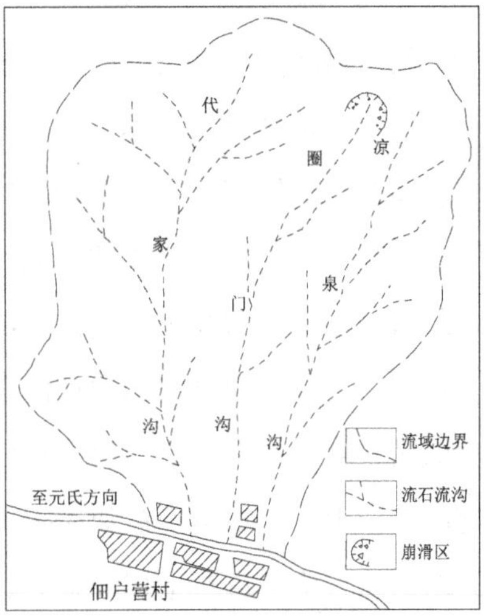

图2-18　元氏县佃户营泥石流发育示意图

泥石流形成受地形地貌、地质构造、地层岩性、气象水文、植被条件以及人类活动等因素的影响，其形成机理主要有三方面内容：地形地貌条件、物源条件、水动力条件。

A. 地形地貌条件

佃户营村处于侵蚀构造中山区，多为水系发源地，主沟走向总体呈北东方向15°～35°，主沟沟头金牛寨高程1111.1 m，地形相对高差620 m左右，坡度较陡，两侧山坡坡角在38°～40°。代家沟、犬门沟、凉泉沟三条泥石流沟长分别约为1710 m、1360 m和1310 m，三条沟的相对高差均约为540 m。代家沟形成区横断面呈“V”形谷，沟谷纵坡坡度平均是15°，两侧山坡坡度在35°～40°之间；流通区横断面呈“U”形谷，两侧山坡坡度在25°～35°之间，谷底最大切割深度是4m，平均切割深度是0.7 m；犬门沟形成区和流通区横断面均呈“V”形谷，形成区沟谷的纵坡坡度平均是17°，两侧山坡坡度在30°～40°之间，谷底最大切割深度是4 m，平均切割深度是1.2 m；凉泉沟形成区和流通区横断面均呈“V”形谷，形成区沟谷纵坡坡度平均为16°，两侧山坡坡度在30°～35°之间，谷底最大切割深度是4 m，平均切割深度是1 m。三条沟内均有梯田分布，造成三条沟的泄洪能力差。

B. 物源条件

佃户营村处于中朝准地台的二级构造单元——山西断隆的东部边缘，其北端与燕山台褶带相斜接。在燕山运动形成其基本构造格局的基础上，又经历了喜马拉雅运动、新华夏系的继承性构造活动，加上新构造运动比较活跃，该区域处于邢台—安阳大断裂两侧，发育较多次级构造，北北东向的小断裂很发育，造成岩体破碎，地质环境相对脆弱。佃户营村出露地层有中太古界片麻岩、古元古界甘陶河群（Pt_1Gt）南寺掌组长石石英砂岩及长城系大红峪组（Chd）石英砂岩、第四系（Q）。在泥石流的形成区、流通区往往有崩塌、滑坡发生，提供了大量的物源。其形成机制为：①雨季来临之前，沟坡上的岩土体处于非饱和状态，在中前期降雨的影响之下，雨水入渗使得该部位岩土体由不饱和状态转变为饱和状态或超饱和状态，岩土体基质吸力大大降低，岩土体的抗剪强度随之降低，在自重力和雨水入渗的渗透力等的作用下，岩土体局部出现剪切破坏，并产生剪切裂隙。②在当日强暴雨期间，大量雨水的进一步入渗，造成沟坡上岩土体孔隙水压力激增，剪切破坏的裂隙贯通形成连续的崩滑面，岩土体彻底破坏并发生崩塌或滑移，同时坡面上的雨水迅速汇集于支沟内，冲刷、携带坡面上的松散物质和支沟中的物质，并对沟床、沟岸进行下切和掏蚀，两岸塌落的物质也很快地汇入急流，形成沿沟谷下泄的固相、液相混杂的泥石流。由于主沟泄洪不畅，造成水位迅速上升。当水位上升到一定高度时再次发生溃流，并且随着洪水和固体物质的不断增大，泥石流的流量和能量也不断增大；当泥石流到达流通区时，由于沟道突然变宽，坡降变小，使泥石流迅速散开，流速变小，并且开始堆积。据调查，三条沟主要物源有沟谷中的松散堆积物、两岸边坡坡面上的松散堆积物、坍塌体和崩塌体等。犬门沟沟谷松散物平均厚约 2 m，其总储量约为 $5.89 \times 10^4\ m^3$；代家沟沟谷松散物平均厚约 4 m，总储量约为 $28.79 \times 10^4\ m^3$；凉泉沟沟谷松散物平均厚约 2 m，总储量约为 $2.72 \times 10^4\ m^3$。该沟形成区内植被发育较差，植被中树木很少，灌木较少，主要是杂草；在流通区的两岸山坡上植被发育一般，主要是杂草，树木或灌木在局部地段有分布；在沟谷中或两侧斜坡坡角处树木稍多，很少有灌木和杂草，总体上来说植被发育较差。泥石流沟的植被不发育，有利于泥石流坡面上的岩体风化及崩塌和滑坡的形成，为泥石流提供大量的物源提供了便利的条件。

C. 水动力条件

佃户营属暖温带大陆性季风气候，多年平均气温 0 ~ 13℃之间，多年平均降水量 532.3 mm。降水量分布规律受气候、地形等因素影响，时空分布不均，年际变化较大，全年降水量的 80%主要集中 6—9 月。降水强度大，历时短，往往集中 5 ~ 7 d之间占全年 70%的降水量，像 1996 年 8 月 3—4 日佃户营村连降大到暴雨，24 h降水量达到 589 mm，强降雨为泥石流的发生提供了水动力条件，易引发多种地质灾害。

2. 平山县下瓦岔泥石流

（1）地理位置

下瓦岔村行政上属于河北省平山县下口镇，地理坐标为东经 113°34′、北纬 38°17′。下口镇处于平山县西部，东南部与北冶乡相邻，西部与山西省盂县相邻，北部与杨家桥乡接壤。国道（G207）从下口镇内经过。其交通位置图，如图 2-19 所示。下瓦岔村处于泥石流沟的沟口。

（2）气候

下口镇下瓦岔村属于大陆季风气候，四季分明。年平均气温是 12.5℃。年平均降水量为 600 mm。降水量在一年中分布不均匀，降雨在 6—9 月较为集中。由于下口镇下瓦岔村是太行山区东麓迎风坡区域，属于太行山区暴雨多发地带。该区域暴雨大多集中于 6—8 月，占全年总暴雨数的 91%。其中暴雨和特大暴雨主要集中于 7 月下旬—8 月上旬。

（3）地层及地质构造

下瓦岔泥石流沟流域内出露地层是中太古界阜平群木厂组（Ar_2m）地层，其主要岩性是混合花岗岩、大理岩、片麻岩及浅粒岩。该区域属于五台抬拱的阜平穹褶束的南

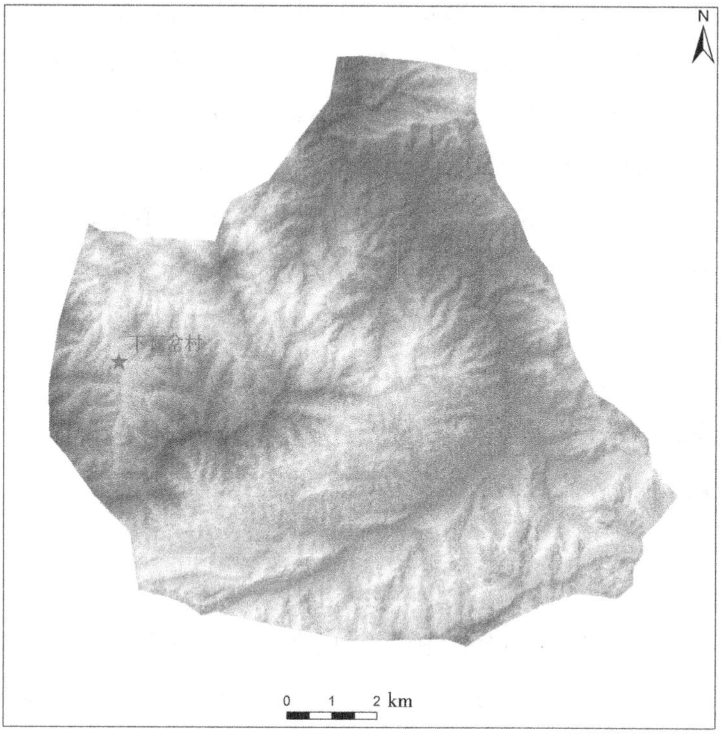

图2-19　下瓦岔位置

端。区域内主要断裂是下口断裂。下口断裂在该区域南部，延伸方向近东西向。

（4）地形地貌

区域地势总体是西高东低。下瓦岔沟处于太行山的支脉—瓦岔山的西麓。瓦岔山在空间上呈南北走向，其长约 7 km，属于中山区。下瓦岔沟呈北西南东向走向，并近于直角交汇于下游的主沟，主沟呈近南北走向。下瓦岔沟包括 4 条支沟（图 2–20、图 2–21），主沟长是 1.31 km，总沟流域面积是 0.7 km。沟源头高程 1340 m，沟口高程 1010m，沟床纵剖面上呈近台阶状。3 号支沟沟口附近是一较陡的阶坎，把此阶坎之上作为沟道上游，其沟床平均纵坡降是 364.9‰；把阶坎之下作为沟道下游，其沟床平均纵坡降是 139.5‰；全沟床纵坡降是 273.3‰。主沟平面上呈弧形，主沟上游走向是西北向，到沟口处，主沟走向呈近西南走向。主沟上游沟道呈“U”形，两岸坡度较陡，两岸坡度 25°～40°，沟源区岸坡坡度 60°～70°，局部岸坡为近直立。下游沟道岸坡较缓，两岸坡度 10°～25°。沟道上游岸坡岩石多裸露，岸坡上有少量松散堆积物，但上游岸坡岩体裂隙发育，岸坡稳定性较差。下游岸坡较缓，岸坡上有大量的松散堆积物，在沟道内有坡耕地，部分沟道内有人工填筑的土地。

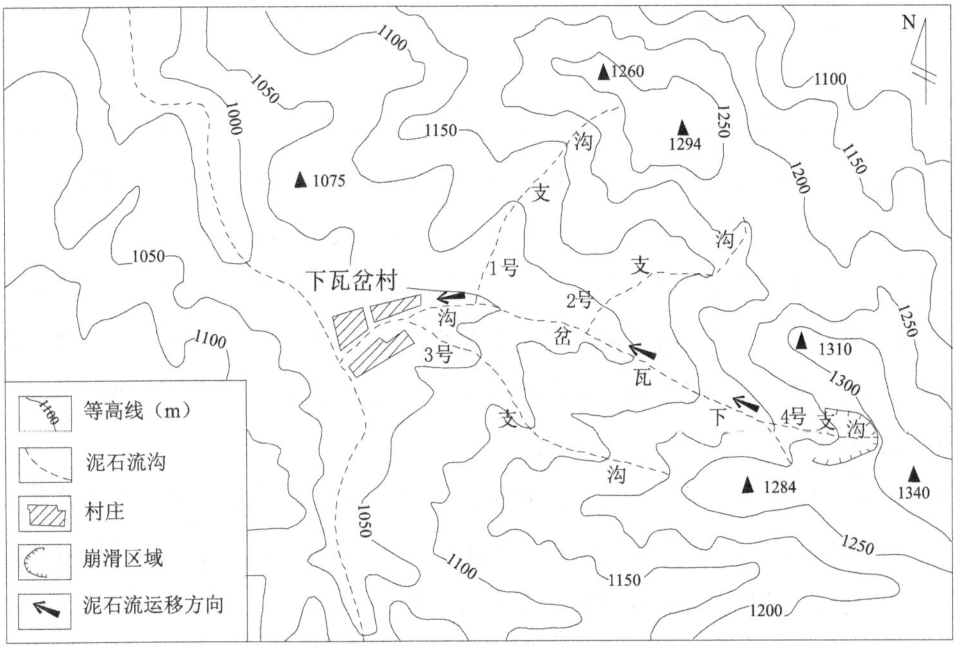

图2-20　平山县下瓦岔村泥石流发育图

（5）泥石流发生过程

1999年8月13—15日，下口镇及北冶乡两乡镇降特大暴雨，在34 h内下瓦岔村降水量达760 mm。下瓦岔泥石流沟下游的蒿田河最大洪峰流量达1800 m^3/s。8月14日20时，上游4号支沟岸坡发生崩塌，崩落岩土体进入沟道后在暴雨水流冲刷作用下与沟道内的松散堆积物和洪水混合，在上游沟源内形成泥石流。在泥石流快速向下流动过程中，沟道内的坡耕地被冲刷侵蚀，造成泥石流规模扩大。由于主沟呈弧形，泥石流形成初期沿北西向在主沟道快速流动，在流入到3号支沟沟口处时，撞击到沟口处的一处小山脊。受到这个小山脊阻挡，泥石流由此往西南方向流动。泥石流在向下游流动过程中，不断地撞断沟道里大量的树木，逐步刷深沟床，冲入沟口处的下瓦岔村，十多户的民房被夷为平地。最终该泥石流流入下游的蒿田河支流中，把支流河道堵塞了。造成26人死亡，冲毁

图2-21　下口镇下瓦岔村泥石流现状

房屋208间，耕地50多亩。

3. 涉县谷几沟泥石流

谷几沟位于河北省邯郸市涉县鹿头乡谷几村内。鹿头乡处于涉县西北部，东邻木井乡和西戌镇，南部连接偏店乡，西部接索堡镇，北部与偏城镇相邻。谷几沟处于太行山南段，属于清漳河上游的一条支沟。谷几沟流域内出露地层有寒武系中统灰岩，局部岩体风化严重，山顶出露地层是奥陶系白云岩，沟床是第四系松散覆盖物。沟谷两侧山体陡峭，坡面坡度大于25°，沟床纵坡降大于105‰，沟源开阔，易于洪水的汇集，沟道中游狭窄，纵坡降大，沟道下游至沟口坡度较缓、较开阔，沟道整体上呈现两头较开阔中部狭长的形状。

1996年7月—8月1日，谷几村降水量超过400 mm，造成岩土体处于饱水状态，降低了沟谷两侧边坡岩土体稳定性。8月2日—4日连续两天降暴雨，24小时降水量是223 mm（据涉县关防站的监测数据），对谷几村来说这是200年一遇暴雨。8月4日8时，谷几沟的沟源左侧的第一支沟陡坡处梯田发生滑坡，滑坡体滑入主沟道，阻断了泄洪通道，形成堰塞湖，9时左右洪水冲破堰塞湖，并与滑体岩土体混合在一起形成了泥石流。泥石流向下游迅速移动，龙头高达10 m，瞬间把沟道东侧的房屋和沟道中梯田吞没，致使28名村民遇难。

谷几沟的沟道横断面呈“V”形谷，聚洪时间短，排水集中，流量大，洪水流速大，搬运能力极强。主沟纵坡降大，为泥石流的运移提供了强大的势能条件。沟道有3处明显的转弯，且曲率大，泥石流在运移过程中遇弯道受阻，易形成龙头，积聚的能量大，一量施放，破坏力极强。前期的降雨造成岩土体呈饱水状态，在接下来连日暴雨的激发诱因下，沟源坡地滑塌，一方面阻塞沟道积聚洪水，另一方面也为泥石流的形成蓄备了充足的物源。

4. 满城县西高士庄刘黄沟泥石流

西高士庄刘黄沟属于河北省保定市满城县刘家台乡下辖村内。1989年7月21日，满城县境内遭遇特大暴雨，日降水量高达200 mm，局部地区达560 mm。22日实测的28小时降水量高达345 mm，特大暴雨激发了全县400多处泥石流。西高士庄刘黄沟流域面积0.097 km^2，22日14时，却突然暴发了泥石流，龙头高陡，流速迅猛，仅十几分钟就把上千亩耕地冲毁，造成人员死亡6人，重伤人员11人，无家可归者80多人。

刘黄沟位于太行山北段东麓，沟内出露主要为石灰岩和白云岩，构造强烈，造成岩体节理极为发育，重力侵蚀物丰富，泥石流发生前，形成区岩体滑塌物达240 m^3，为泥石流的初始形成提供了充足的物源。

刘黄沟山坡平均坡度42.3°，地形相对高差305 m，易汇聚洪水，同时坡面水土流失严重。沟源平面呈漏斗状，汇水面积大；沟道中段狭直，比降大，纵坡降13°；沟道下游变缓，纵坡8°。这一些条件都有利于泥石流的形成和运移。

5. 营里乡贺林沟泥石流

贺林沟泥石流位于平山县营里乡贺林沟村境内，营里乡处于平山县西部，东部与蛟潭庄镇相接，南部连接小觉镇，西部与杨家桥乡相邻，北部与山西省阳泉市盂县和忻州市五台县接壤。县道（052）从境内经过。其交通位置图，如图2-22所示。

贺林沟村出露地层主要有第四系（Q）、中太古界阜平群（Ar_2F）的麻粒岩、片麻岩、变粒岩、斜长角闪岩、磁铁石英岩、大理岩等。佃户营村位于邢台—安阳深断裂的两侧，构造较发育，北北东向的小断裂十分发育，岩体较破碎。

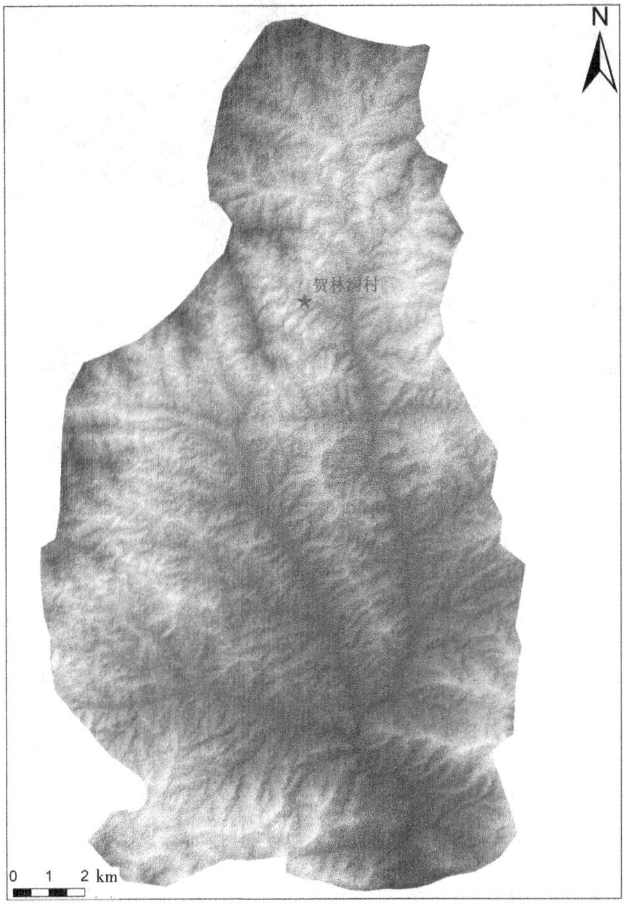

图2-22 贺林沟村位置

营里乡贺林沟村位于沟道堆积区扇形地，在1996年8月4日，暴发泥石流地质灾害，灾害冲毁房屋10间，直接经济损失20余万元。所幸群众转移及时，未造成人员伤亡。

物源为河道内大量冲洪积块石、碎石。洪水对河道形成侧蚀和下蚀作用，将原有河道内堆积物、冲洪积物冲刷带出河道，冲向堆积区贺林沟村。贺林沟位于泥石流沟口处，地势开阔，沟谷纵坡变缓，泥石流在该地区淤积，淤积物主要为块石、碎石等冲洪积物，块石、碎石有一定磨圆度，可侧面证实为河道内长期流水冲刷形成。块石、碎石占淤积物总含量的15%，平均粒径20 cm。其余淤积物主要为砂石、砂砾，粒径在0.05 ~ 0.5 cm。泥石流在贺林沟村淤积，淤积厚度在0.3 ~ 1 m（图2–23）。

（四）典型地面塌陷灾害

1. 河北省涞水县下庄村地面塌陷

图2–23　营里乡贺林沟村泥石流

（1）基本特征

下庄村处于涞水县义安镇拒马河的东岸，张家口—涿州高速公路的南侧。2015年7月，下庄村发生了十多个塌陷坑。塌陷坑形态各不相同，坑口形状为近圆形，直径为0.3 ~ 6.0 m，深度为0.1 ~ 1.0 m。塌陷坑呈零星分布，没有明显的方向性，个别地方3 ~ 4个塌陷坑成群分布，塌陷坑间距是5 ~ 10.0 m（图2–24、图2–25）。地面塌陷严重影响了当地村民的生产和生活。

（2）塌陷区工程地质条件

A. 地形地貌

图2-24　陷坑单体

图2-25　陷坑单体

下庄村东部和中部处于南拒马河的二级阶地，村西部处于南拒马河的一级阶地上。下庄村地势低洼容易积地表水。

B. 地层岩性

下庄村位于太行山东麓北段山前平原冲洪积扇的边缘，地势北高南低。由区域地质资料可知，下庄村内从地表向下 120 m深度内地层岩性是新生界第四系的冲洪积沉积物。按其成因年代，可划分为 4 层，地层由老到新分别是：全新统（Qh^{al+pl}）、上更新统（Qp_3^{al+pl}）、中更新统（Qp_2^{al+pl}）、下更新统（Qp_1^{al+pl}）。其下伏地层是中、新元古界蓟县系—青白口系灰岩、页岩、白云岩地层（表 2-1）。

表2-1　下庄村地层及岩性

地层编号	地层时代	岩性描述
全新统	Qh_4^{al+pl}	含砾中粗砂夹粉质黏土、砂质粉土等，厚度约10 m
上更新统	Qp_3^{al+pl}	卵砾石、粗中砂土、砂质粉土、细砂土、粉质黏土夹泥砾，厚度约20 m
中更新统	Qp_2^{al+pl}	粉质黏土、中粗砂土、含砾粗砂土，厚度约40 m
下更新统	Qp_1^{al+pl}	主要为杂色粉质黏土、黏土夹砂土及中砂土、中细砂土、粉砂土，厚度约50 m
蓟县系—青白口系	Jx-Qb	主要岩性为灰岩、页岩、白云岩等

C. 地下水条件

下庄村西南距拒马河约 0.5 km，地下水类型是第四系（Q）松散岩类孔隙裂隙水。自上而下将含水岩组分为：第一含水岩组是全新统（Qh）细砂，属于贫水岩组；第二含水岩组是上更新统（Qp_3）含中、粗砂卵、砾石层，强富水性；第三含水岩组是中更新统（Qp_2）含砾粗砂层，强富水性；第四含水岩组是下更新统（Qp_1）中砂、中细砂，中等富水性。

下庄村稳定水位埋深是 15 m，年变幅是 1 ~ 3 m。地下水补给首先是大气降水，其次是西部山区和北部平原的地下水侧向径流，雨季拒马河的地表水也有部分补给。地下水向东南方向径流补给冀中平原地下水，其主要排泄方式是人工开采。

D. 地质构造

下庄村位于新华夏构造体系第二沉降带与华北凹陷带的交接部位。基底岩性是中、新上元古界蓟县系—青白口系灰岩、页岩、白云岩地层。区域断裂主要有：固安—昌黎断裂，近东西向走向，从新近纪以来其活动性较明显；怀柔—涞水断裂、定兴—石家庄断裂，北北东向走向，倾向南东（120°），倾角 60° ~ 70°，第四纪以来活动性较明显；上述两组断裂近期均未见强烈活动迹象。地质构造如图 2–26 所示。

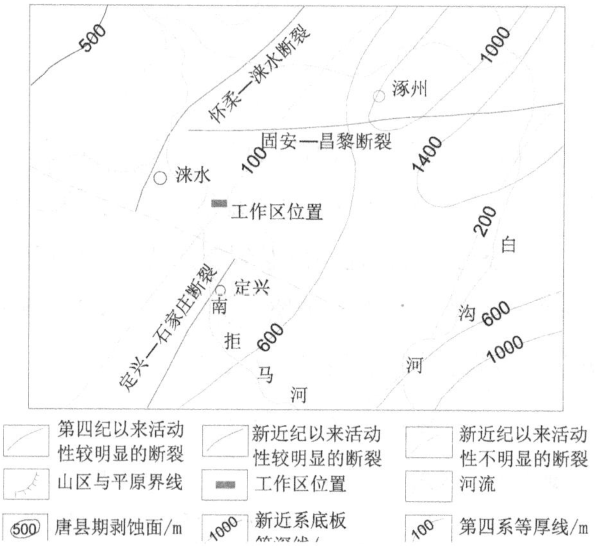

图2–26　构造地质图

（3）塌陷坑成因机理

下庄村西部位于一级阶地上，地势较低。在低洼处，生长有大量树木，树木根系把细砂层贯通，地表水较容易入渗补给地下水且补给水量相对较大，致使水动力增大，其运移能力相对增强，造成裂隙、空洞增多、增大。如若存在地表排水不畅且地表有积水情况下，则出现塌坑的概率就大大增大。砂层具有流动性强的性质。粉土层中出现裂隙后，由于水流的作用，砂层会填补其下伏粉土层的空隙，然而砂层上覆粉土层的空隙却未能得到填充。在长期循环作用下，砂层上覆粉土层内的空洞逐渐变大，空隙会渐渐贯通，就会形成通道。下庄村浅部地层结构疏松，且表层黄土具有竖向裂隙发育和湿陷性特点，若在地表积水情况下，水沿着竖向裂隙向土层中渗流，容易使土层中的砂土颗粒顺着通道向下移动，土骨架不能支撑土体重量，从而造成地表出现塌陷坑。

2. 向阳村地面塌陷区

（1）基本特征

地面塌陷区位于保定市徐水县瀑河乡向阳村内。徐水县西部处于低山丘陵区，1958 年在此丘陵区修建了瀑河水库。水库主要用于拦洪、灌溉农田。水库库容是 $9750\times10^4\,m^3$。从 1964 年起，水库西侧的向阳村、贾庄村等多个村庄相继出现了地面塌陷和地面沉降灾害。1994 年后，地面塌陷灾害发展日益严重，向阳村已出现 20 多处塌陷坑，威胁村民 25 户，造成 30 多间民房产生不均匀沉降，致使房屋墙体开裂甚至部分房屋倒塌。

（2）塌陷区工程地质条件

A. 地形地貌

向阳村位于瀑河水库西侧约 300 m处，西临西山约 500 m，属于低山丘陵区，海拔 47 ~ 56 m，地势较平缓。

B. 地层岩性

向阳村出露地层由新到老分为：第四系（Q）冲洪积土层，其中地表是褐色耕植土层（Qh），主要是粉土，厚 0.2 ~ 0.5 m；中部是褐色黄土状粉土（Qp_3），厚 7.8 ~ 9.2 m；下部是褐色粉质黏土（Qp_2），厚 9.7 ~ 10.3 m；底层是砾土层（Qp_1），厚约 6 m。碎石主要是石英砂岩、泥质页岩，块状结构，呈棱角状，粒径 3 ~ 6 cm，裂隙较发育，漏水较好。下部是震旦系（Z）地层，由新至老分别是景儿峪组的石英砂岩、下马岭组的泥质页岩、铁岭组的含燧石条带白云岩，岩层较平缓，基岩顶板埋深是 60 m左右。由于调查区有两条近东西向和近南北向的断层，造成岩体较破碎。

（3）地面塌陷基本情况

向阳村的地面塌陷表现形式是土洞。土洞按串珠状分布，在村东边出现较多。土洞大多呈圆形，少数呈椭圆状，直径为 0.5 ~ 1 m，深为 0.5 ~ 2 m。洞壁上部陡下部缓，壁上有竖向裂缝（图 2–27、图 2–28）。地面塌陷在时间分布不均匀，主要集中发生在丰水年，尤其是雨季中后期，地面塌陷发展很迅速，在干旱年发生相对较少。向阳村的地面塌陷在空间上表现为自南向北、自西向东的发展规律。

（4）地面塌陷成因

向阳村的地面塌陷是多种因素相互叠加的结果，这些因素有：地形地貌条件、地层岩性条件、地质构造条件、地表水条件、水文地质条件等。向阳村地势西高东低，西山

图2–27　陷坑单体

地表水由西向东流经该村形成地表水，渗灌地下补给地下水，第四系（Q）中上层是上更新统马兰组（Qp_3）黄土状粉土竖向节理发育且疏松多孔、渗水性强，粉土吸水后向下部空隙运移，下部是中更新统离石组（Qp_2）黄土，粉质黏土层，中等压缩性，其透水性较弱，具有隔水作用，能阻止上层粉土向下流动的作用。一般来说在黏土层较稳定区域不易产生塌陷灾害。若黏土层下伏砾土层裂隙较发育，该层透水性较强，且其基底层岩石破碎，形成了地下水流动的良好通道。当西山地表水渗入汇集的地下水沿通道形成径流和砾土层内地下水位升降变化时，上部的黏土层受到潜蚀作用，黏土层逐渐被掏挖、土颗粒流失，经过地下水长期的作用，黏土层逐渐变薄，甚至会发生陷落或者消失，缺少下部粉质黏土隔水层保护；上部黏土层若遭遇地表水大量渗灌时，就会发生坍塌，上部土层内的坑洞就此形成，最终发生了地面塌陷。

图2–28　陷坑单体

3. 新乡村地面塌陷

（1）基本特征

地面塌陷区位于保定市徐水县瀑河乡新乡村内。新乡村在徐水县城西北方向直距约20 km。该村是1958年修建瀑河水库搬迁形成的移民村，目前人口约500人。新乡村北是瀑河水库，近几年村内不断发生地面塌陷，严重威胁了当地村民的生命财产安全。

（2）塌陷区工程地质条件

A. 地形地貌

研究区处于低山区、丘陵区的开阔地带，村东、村南、村西三面环山，地势西部高东部低，除少量雨水通过排水设施排向村外，大部分雨水入渗到村区地下。

B. 地层岩性

新乡村出露地层由新到老是第四系（Q）地层、长城系（Ch）、蓟县系（Jx）地层。

第四系地层由老到新分为：下更新统（Qp_1）杂色黏土、粉质黏土夹中砂、中细砂、粉砂。中更新统（Qp_2）粉质黏土夹砂砾石所组成。上更新统（Qp_3）马兰黄土，主要是粉土。全新统（Qh）的粉砂、细砂。长城系（Ch）燧石条带白云岩、厚层石英岩、石英砂岩等。蓟县系（Jx）是杂色页岩及燧石条带白云岩等。

C. 地质构造

断裂带处于新乡村中部偏南处，穿村而过。断裂带包括两条平行的断裂，断裂带产状是 125°∠ 80°。断裂带内是角砾岩，砾岩呈棱角状，粒径大小不同。由于受到断裂的作用，白云岩被上推，抬高了基底，岩石较破碎，裂隙很发育，黄土状粉土、黏土夹碎石充填裂隙中。

D. 水文地质条件

1）地表水。新乡村多年平均降水量是 566 mm。新乡村地表水以大气降水方式补给，西山雨水汇集后直泄村中。新乡村及周边没有见到地表水体。

2）地下水。新乡村第四系土层地下水贫乏，补给方式主要是降水补给。新乡村地下水赋存在岩层裂隙、构造破碎带及岩溶孔洞中，水量丰富。水井开采及地下径流是新乡村地下水排泄方式。自然条件下，新乡村地下水流向与地表水径流方向相一致，即自西向东、自南向北、村北的地下水局部流入东北向的河谷。

（3）地面塌陷的特征

A. 地面塌陷形式

新乡村地面塌陷表现形式主要是塌陷坑。塌陷坑大部分呈椭圆形和勺状形，少部分呈不规则形。坑口直径 0.5 ~ 1 m，坑深 0.5 ~ 2 m。坑壁上部陡下部缓，竖向裂隙发育。塌陷坑表现为串珠状分布。塌陷坑之间多以裂缝相连接，裂缝宽约 0.2 ~ 0.5 m（图 2–29）。

B. 地面塌陷分布规律

新乡村塌陷在空间上以北东向带状展布，主要集中于村内东南部，在地势低洼处易积水地面塌陷更显著，遵循自西向东、自南向北的发展规律。

（4）地面塌陷的成因机理

图2-29　陷坑单体

A. 地表水的渗灌

新乡村地势低洼，西侧山体的雨水汇集流入新乡村，村中现存截水、排水系统基本失效，多数地表水渗灌地下。上部地表的黄土状粉土中竖向裂隙和洞穴较发育，地表水顺竖向裂隙和洞穴入渗，细粒砂土被水流带走。在渗灌、冲刷过程中，土层裂缝逐渐扩大，最终土洞和大裂缝形成。随时间推移，土洞不断被扩大，最终形成塌陷。塌陷常常发生于雨季，地表水渗灌是诱发地面塌陷灾害主要原因。

B. 地下水的径流作用

1）由于在新乡村存在北东方向的断裂破碎带，其成为地下水径流的通道。当水动力条件发生改变时，被堵塞的裂隙、落水洞及与它们相连的排水通道被复活，又重新变成地下水流通的地段（图 2-30a）。

2）当水位上升时，由于黄土状粉土或碎石土等土体抗水性较差，溶蚀作用增强，可引起土体崩解，部分崩解物落入溶洞中，上部土层内的土洞初步形成（图 2-30b）。

3）在地下水持续作用下，土颗粒沿裂隙、岩溶洞穴被带走，致使上层土体内空洞渐渐扩大，呈拱形向上发展（图 2-30c）。

4）土洞继续扩大，空洞逐渐向地表发展，顶板越来越薄，上部土体重量超过拱顶的支撑能力时，就会发生塌落（图 2-30d）。

三、地质灾害危害

河北省太行山区地形地貌条件比较复杂，沟、河、谷纵横交错，在山区中发育有诸多地质灾害，如崩塌灾害、滑坡灾害、泥石流灾害、地面沉降灾害等，极大威胁着当地居民生命财产安全，其危害性主要表现为：

1. 崩塌灾害危害

河北省太行山区崩塌主要影响房屋、交通设施（铁路、公路）、农田、林地等。

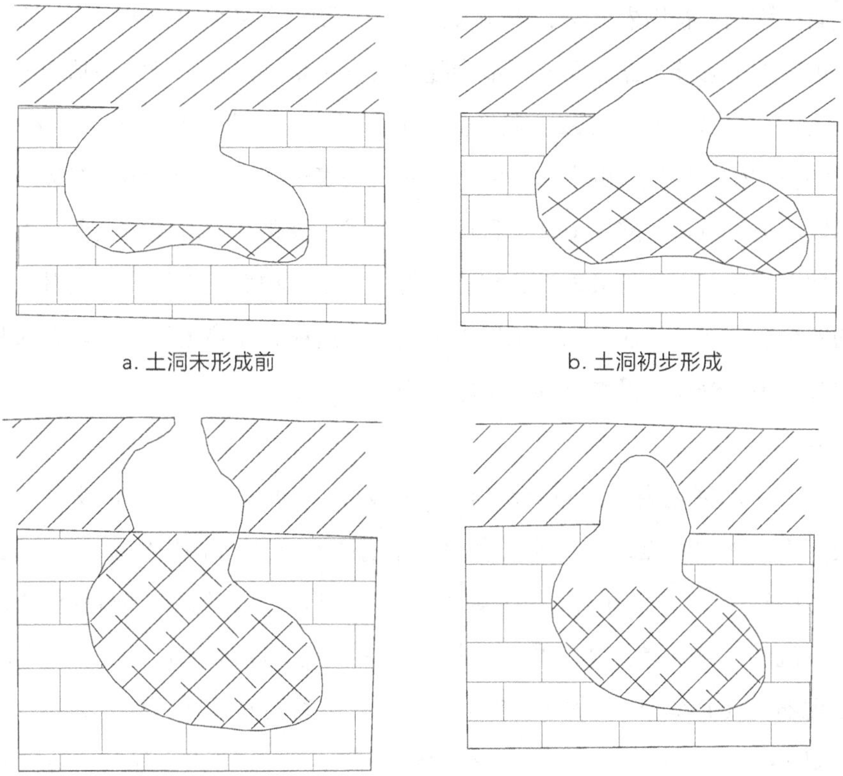

图2-30　土洞塌陷形成示意图

崩塌危害如下：①崩塌的产生往往具有潜在性，灾害发生的时间和范围准确预测是很难的，较大型崩塌具有突发性强、速度快、破坏性极大的特点，一般能毁灭坡脚处的建筑物或公路，威胁村民的生命及财产安全，影响交通设施的正常使用，对交通设施影响极大。②在山谷和河流地区，崩塌体造成涵洞、桥梁等构筑物功能失效，并使河道堵塞，河流改道。③小型坍塌或落石灾害，其发生具有随意性，尤其在雨季，小型滑塌和落石常常发生于山区村庄及公路两侧，轻者砸伤人员，毁坏房屋和车辆，严重者可堵塞公路或房屋坍塌。对公路而言，崩塌是造成交通堵塞原因之一。如滦赤线的落石、坍塌时常发生，威胁行人及车辆安全。④修建公路时，填方路段形成新危险斜坡，在雨水或车辆振动作用下，将会形成路基崩塌，破坏公路。

2. 滑坡灾害危害

河北省太行山区是滑坡高发地之一，由于河水的冲刷及风化作用致使区内岩土体松散，加上区内多暴雨，造成区内频繁发生滑坡事故。区内滑坡主要危害有：①损坏房屋，造成居民伤亡；损毁农作物，影响农田土质；②对道路交通造成影响，阻碍车辆流通；若在古滑坡上修建公路，路基可能会随滑坡发生整体滑动，导致路基变形或错断，影响行车。像保涞线（省道S332）顺平县宁家庄滑坡，造成路面错断、公路变形严重；公路两侧斜坡发生规模较大的滑坡，将直接对公路安全使用造成影响，如宝平线（省道S241）赤城滑坡，直接公路被掩埋，致使公路改线；公路两侧滑坡隐患点，平时产生一些较小滑坡或坍塌，在条件成熟时，将有可能沿大型结构面发生较大规模滑动，严重影响公路的安全。③滑坡造成其周边工厂重大损失，造成企业停工等。④重大水利工程、水电工程多在山区修建，滑坡可冲毁水电工程、水利工程。

3. 泥石流灾害危害

河北省太行山区境内的泥石流具有突然暴发，流动速度快，历时较短，侵蚀切割剧烈，破坏力巨大的特点，对当地居民的生命财产安全造成了极大的危害（表2-2）。从1953年以来，河北省太行山区境内暴发泥石流，造成人员死亡人数超过20人以上的有8条泥石流沟，分别是：井陉县汪里村暴发泥石流（1956年），死亡96人；涞源芦草湾暴发泥石流（1963年），死亡25人；平山县牛圈沟暴发泥石流（1978年），死亡20余人；涉县鹿头乡谷几沟暴发泥石流（1996年），死亡28人；涉县西达镇后匡村暴发泥石流（1996年），死亡21人；元氏县佃户营村圈门沟、代家沟暴发泥石流（1996年），死亡26人；平山县下瓦岔村东沟暴发泥石流（1999年），死亡26人；顺平县杨家台暴发泥石流（1989年），死亡45人。近三十年来，人类工程活动对泥石流的发生影响越来越大，开矿采石容易造成沟谷中存有大量松散堆积物，开垦梯田、开挖陡坡、破坏植被等容易造成沟谷两侧边坡岩土体发生崩塌或者滑坡，为泥石流的发生提供了大量物源，致使泥石流呈现进一步恶化的态势。

表2-2 河北太行山区典型泥石流灾害统计表

泥石流沟	暴发时间	破坏及损失情况
平山县木头沟	1953年8月	死亡数人，损坏房屋10多间
灵寿县新开沟	1953年8月	损毁耕地580亩，冲破谷坊9800道
井陉县汪里村	1956年6月27日	死亡96人
赞皇县黑石沟	1963年8月4日	死亡2人，损毁大量耕地与树木
涞源芦草湾	1963年8月5日	死亡25人，伤25人，损坏房屋80间，耕地30亩
赞皇县尖山	1963年8月7日	死亡3人，村子被整体填高3m
元氏县西台城爬齿沟	1963年8月18日	填平$184\times10^4m^3$的南正水库，损毁耕地700亩，树木10万株

续表

泥石流沟	暴发时间	破坏及损失情况
邢台县浆水镇前南峪村	1963年8月上旬	暴发泥石流 186 处
易县龙门沟	1963年7月8日	死亡 10 人，损坏房屋 15 间，土地数百亩
平山县牛圈沟	1978年8月20日	死亡 20 人，损坏房屋数 10 间，冲毁土地 100 多亩
易县尧舜口村	1988年7月17日	死亡 2 人，损坏房屋 20 间，土地 200 亩
易县土岭	1989年8月	损坏房屋 26 间，损毁土地 30 亩，树木 250 株
顺平县杨家台村	1989年8月	死亡 45 人，损坏房屋 90 间
满城县西高士庄刘黄沟	1989年7月22日	死亡 6 人，重伤 14 人，轻伤 67 人，损坏房屋 145 间，土地 1400 多亩
易县五间房	1989年7月22日	损坏房屋 14 间，耕地 100 亩，树木上万株
平山县小觉镇治家沟	1996年8月4日	死亡 3 人，伤 11 人，冲毁房屋 11 间，土地 20 亩，树木 200 多株
涉县西寂寥村大西沟	1996年8月4日	损坏房屋 30 间，土地 200 多亩，大树 500 多株，花椒树 4000 多株
涉县鹿头乡谷儿沟	1996年8月4日	死亡 28 人，损毁农田 240 亩，房屋 120 间，直接经济损失 350 万元
邢台县浆水镇栗子沟	1996年8月4日	死亡1人，伤1人，损坏房屋40间，农田50亩，树木1500株，冲毁村办工厂损失60万元
邢台县将军墓镇寺沟村	1996年8月4日	损坏房屋 100 间，造成危房 130 间，冲毁学校一座，损毁耕地 60 亩，树木 8000 多株
涉县固新镇小车村	1996年8月4日	死亡 14 人，损坏房屋 1280 间
涉县西达镇后匡村	1996年8月4日	死亡 21 人，损坏房屋 600 间
涉县偏城镇平房沟村	1996年8月4日	死亡 3 人，损坏房屋 150 间
涉县合漳乡黄龙口村	1996年8月4日	死亡 3 人，损坏房屋几十间
平山县元坊村东沟	1996年8月4日	阻断公路，损毁果园 20 亩，树木 2 万多株，冲破谷坊坝 100 多道
平山县两岔村水峪沟	1996年8月4日	冲毁塘坝 1 座，房屋 60 间，损毁土地 20 多亩
平山县上柳村道老沟	1996年8月4日	损毁土地 50 多亩，树木 2000 多株，冲破谷坊坝 100 多道
平山县下刘家坪村西沟	1996年8月4日	冲毁塘坝 1 座，房屋 14 间，土地 20 多亩，沟口堆积物达 4000 m^2
平山县水渣沟村鼠地弯	1996年8月4日	死亡 1 人，毁坏房屋 17 间，土地 30 亩，冲走粮食 2000 kg
平山县水渣沟村大南沟	1996年8月4日	损毁土地 15 亩，树木 220 多株
元氏县佃户营村圈门沟	1996年8月4日	死亡 26 人，伤 39 人，损坏房屋 950 间，树木 2 万多株，土地 66 hm^2，冲毁选矿厂一座
元氏县佃户营村代家沟	1996年8月4日	
赞皇县野湖泉村中西凹	1996年8月4日	死亡 18 人，损毁果园 20 多亩
平山县下瓦岔村东沟	1999年8月14日	死亡 26 人

4. 地面塌陷灾害危害

河北省太行山区地面塌陷分为地下水渗流塌陷和采空塌陷，地下水渗流塌陷主要分布在地势低洼且地层中有砂土分布地段，采空塌陷主要分布在采石矿、金矿、煤矿、铁矿等采矿区。地面塌陷对公路造成的害主要有：①造成路基下沉。因采空区的冒落、塌陷将会在竖向上引发沉陷变形，造成路基土体松弛，降低其承载力，甚至引发了路基塌陷，影响路基稳定性。②路基下沉时，产生水平向拉伸变形。横向位移（垂直路线方向）使路基产生横向弯曲，造成路面开裂、损毁；路基纵向变形（平行路线方向），造成路基受拉伸和压缩。在这两种不均匀移动作用下，引发公路坡度、路线方向等发生改变。③路基地表断续的变形及无规律下沉，造成路面原有坡度产生无规律变化，路面将再次产生沉陷。④路基地表不均匀沉降导致路线在竖向上弯曲，改变了原来的曲率半径，对公路上的车辆和路基可能造成危害，严重时引发交通事故。地面塌陷对村庄造成的害主要有：①地面塌陷造成房屋开裂、不均匀沉降，造成财产经济损失。②可能引起农田的不均匀沉降或塌陷坑，影响耕地。

第二节　河北省太行山区地质灾害发育特征及分布规律

一、地质灾害发育特征

（一）崩塌灾害发育特征

1. 崩塌的类型、规模及灾情

（1）按其活动强度分类

河北省太行山区存在大量崩塌灾害，在公路两侧尤为发育。按其活动强度，分为剥落、坠石和崩落。剥落是最小规模的崩塌，是小块石从山坡上滚落，堆积在坡脚下。这类崩塌在该区内大量存在，尤其在山区公路或铁路两侧更为发育。坠石是中等规模的崩塌，是较大块块石或土体从山坡的坡上坠落，堆积在坡脚下。这类崩塌在该区内也大量存在，尤其在山区公路或铁路两侧也较为发育。崩落是巨大岩土体大规模从山坡上塌落。这类崩塌在该区内相对前两类少，但其危害大，造成的人员伤亡和财产损失较严重。

（2）按岩土类型分类

按岩土类型，该区内崩塌分为土崩和岩崩。土崩在该区内主要是发生在黄土斜坡中的崩塌，主要分布在张家口地区，一般规模较小，灾情较轻。岩崩指发生于岩体的崩塌，一般规模较大，且灾情较严重。这类崩塌在河北省太行山区分布较广泛。

（3）按破坏模式分类

根据边坡变形失稳力学特征，将区内崩塌类型按破坏模式划分为倾倒式、滑移式、坠落式三种类型。

（二）倾倒式崩塌

倾倒式崩塌是指岩土体以竖向节理与稳定母岩分开，这种岩土体在断面图上呈长柱形，横向稳定性差。如果坡脚遭受不断地掏蚀悬空，在重力作用下或有较大水平力作用时，岩土体因重心外移倾倒而产生突然崩塌。这类崩塌的特点是崩塌体失稳时，把坡脚某一点作为支点发生转动性倾倒（图 2–31）。

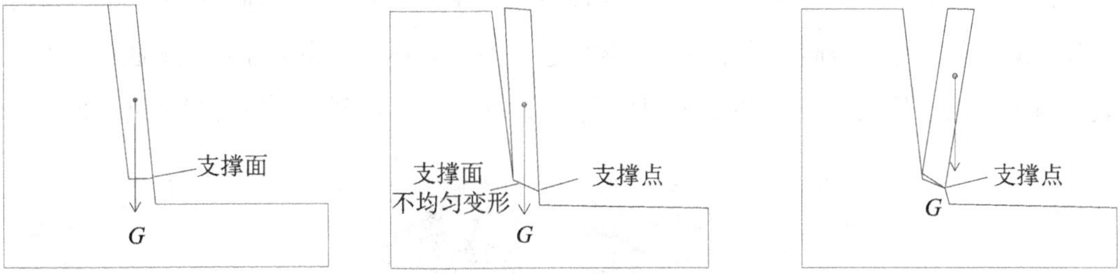

图2–31　倾倒式崩塌变形破坏机制

河北省太行山区发育多处倾倒式崩塌，其中大多数是岩质崩塌，少量是土质崩塌。土质倾倒式崩塌岩性以第四系上更新统（Qp_3）粉土、第四系中更新统（Qp_2）粉质黏土为主，主要分布在张家口地区。岩质倾倒式崩塌岩性主要为元古界的砂岩灰、岩、白云岩等。岩层破坏的主要影响因素为边坡坡角与结构面倾角组合关系、岩层组合结构特征结构的发育程度。崩塌规模主要由坡顶覆盖层厚度、岩层风化程度、地形地貌等因素决定，均为小型，该类崩塌受降雨影响较大，多发生在强降雨过程，具有周期性、群发性的特点。

1. 土质倾倒式崩塌形成机理

河北省太行山区境内的土质倾倒式崩塌主要诱发因素为人工切坡和降雨，黄土结构较为松散，水敏性高，易湿陷，易风化，易产生变形破坏，为土体破坏、倾倒变形提供有利条件。

土质倾倒式崩塌发生在直立的黄土崖临空面上，一般经过黄土节理的开裂变形阶段—危险土体逐渐脱离母体并沿脱离体底部为支点倾倒阶段—崩塌体的自由落体阶段—崩塌体碰撞受灾体及堆积阶段四个阶段。倾倒式崩塌体一般规模较小，致灾范围也小，但发生频率高，斜坡上常见的局部小型崩塌不良地质现象多为倾倒式黄土崩塌（图2–32，图2–33）。

倾倒式黄土崩塌的诱发因素有：①重力作用产生偏压，使直立土体产生蠕变而倾倒；②地震或地面振动力附加的水平推力导致土体失稳倾倒；③冻胀或冻融产生特殊的力导致土体失稳倾倒；④降水下渗软化危险土体脚部使土体产生偏压而倾倒崩塌。

2. 岩质倾倒式崩塌形成机理

河北省太行山区境内分布多处倾倒式岩质崩塌，主要发生在元古界（Pt）的砂岩、灰岩、白云岩中，砂岩和泥岩的风化差异导致砂岩下部的泥岩不断崩解脱落，形成空腔，块体重心不断外移，在偏压和重力作用下易产生崩塌（图2–34，图2–35）。

倾倒式岩质崩塌发生有多种方式：①刚开挖产生的斜坡，在卸荷作用下，斜坡发生回弹膨胀，斜坡体内竖向裂隙张开，岩体完整性遭受破坏，为降水提供渗水通道。坡脚处岩体遭受雨水软化，导致坡脚处岩体产生不均匀变形，被裂隙切割的岩体遭受偏压作

图2–32　黄土崩塌（一）

图2–33　黄土崩塌（二）

图2–34　岩质崩塌（一）

图2–35　岩质崩塌（二）

用，产生崩塌。②长时间的冲刷淘蚀斜坡的坡脚，由于砂岩和泥岩的风化差异，砂岩下部的泥岩不断崩解脱落，形成空腔，使岩体支撑面积减小，导致岩石块体的重心逐渐外移，后侧的裂隙继续扩大，在重力和偏压共同作用下，直立岩体发生倾倒蠕变，最终发生倾倒式崩塌。③在特殊水平力（静水压力、地震力、冻胀力及动水压力等）作用下，岩体易形成倾倒破坏。④在重力作用下直立岩体会发生弯折，形成倾倒式崩塌。

（三）滑移式崩塌

岩质斜坡坡肩被竖直裂缝切割，被切割岩体顺下部倾向坡外的结构面滑向坡下，这类崩塌称为滑移式崩塌。这类崩塌在岩质斜坡中较为常见，水是这类崩塌发生的诱发因素。

坡体上的岩体在重力或者人工扰动作用下，沿着斜坡上的竖向裂缝，并产生向下位移。降雨沿着后缘裂缝进入岩体内部，而接触风化面的透水性弱，起到隔水作用。雨水聚集于隔水层上部，上部岩体被软化，并在产生的动水压力和静水压力作用下，致使岩体逐渐滑移，只要重心滑出斜坡，就会发生崩塌（图 2-36）。

河北省太行山区崩塌灾害中有多处岩质崩塌属滑移式崩塌（图 2-37，图 2-38），

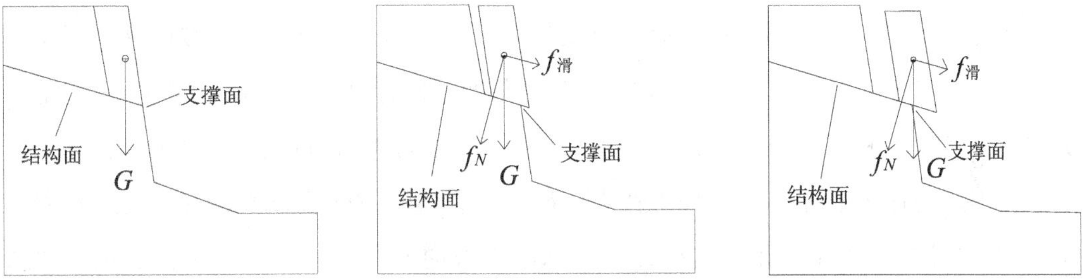

图2-36　滑移式崩塌变形破坏机制

图2-37　滑移式崩塌

图2-38　滑移式崩塌

坡体基岩裸露，多组结构面将岩体切割成不稳定的块体，其中有一组缓倾且倾向坡外的结构面，不稳定块体沿这组结构面滑动，岩体重心超出陡坡，就会形成崩塌。

（四）坠落式崩塌

1. 坠落式崩塌形成机理

坠落式崩塌是岩质斜坡受多组节理裂隙切割，且节理裂隙密度较大，岩体被节理裂隙及层面分割成诸大小不一的块体，块体崩塌物质沿岩层面或节理裂隙面产生崩落的变形破坏方式（图 2-39）。

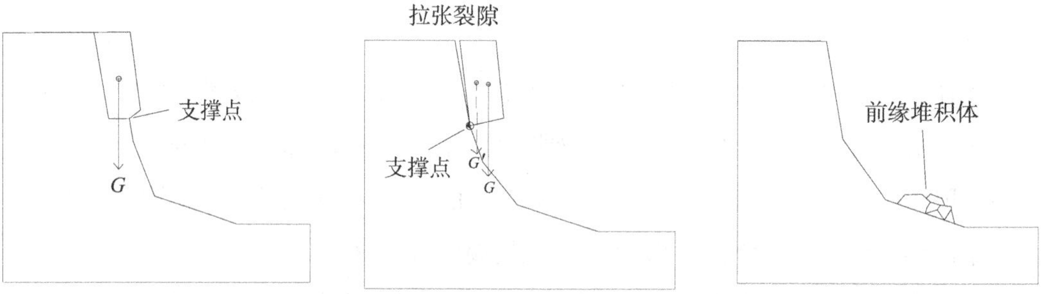

图2-39　坠落式崩塌变形破坏机制

河北省太行山区境内发育多处坠落式崩塌（图 2-40，图 2-41），坡体基岩裸露，多组结构面将岩体切割成不稳定的块体。当底部凹腔发育时，使局部岩体临空，不稳定块体发生崩塌，进而使上部岩体失去支撑，卸荷作用加剧，形成切割岩体的结构面。

坠落式崩塌形成往往具有如下特点：崩塌危岩体有较陡临空面，其坡度通常大于60°；斜坡岩体中往往存在一组或几组倾向临空方向的结构面，这类结构面包括裂隙面、岩层面等。碎裂岩块的大小由裂隙密度及其延伸情况决定的，其规模通常较小；岩

图2-40　坠落式崩塌（一）

图2-41　坠落式崩塌（二）

层裂隙很发育，岩体受层面及多组裂隙控制，较破碎，斜坡体开挖后其临空面近乎直立，有大量卸荷裂隙。此类崩塌形成通常受崩塌物质强度及岩土体内倾向临空面的结构面控制，地震、人工切坡和降水等是该类崩塌主要诱发因素。

坠落式崩塌破坏演化过程是：坡体中存有大量卸荷裂隙，在降雨或地震等诱发因素作用下卸荷裂隙不断扩展，进而形成了碎裂面，在强降雨或地震等诱发因素不断作用下碎裂面逐渐贯通，导致崩塌破坏失稳，其过程分为岩体变形初始发展阶段、岩体凹岩腔形成阶段、危岩体变形破坏阶段。

（1）岩体卸荷变形初始发展阶段

在区内河流冲刷作用下，斜坡岩体的地应力大小及方向均发生改变。最大主应力将平行于边坡表面，最小主应力等于零，而在斜坡的岩体中产生大量倾角近于垂直、延伸长的张拉裂隙，且泥岩、砂岩差异性蠕变，加剧了坡体内应变、拉应力集中带的形成，致使张拉裂隙进一步向岩体内扩大延伸。这些裂隙把岩体切割成突出岩体。

（2）岩体凹岩腔形成阶段

近水平软硬岩互层的斜坡，岩石差异风化明显，在降雨或高温作用下软岩风化崩解速度比硬岩快，因此会在砂岩的底部较易形成几厘米至几十厘米凹向坡内凹槽或空腔；硬岩体受各种结构面切割，形成大小不相等的悬空危岩体。当初始的岩腔不断增大，岩体就进入了临界稳定状态。

（3）危岩体变形破坏阶段

当侧向的拉张裂隙贯通到泥岩夹层，岩石块体与母岩脱落，仅仅依靠底座摩擦力维持其稳定。遇到降雨作用，泥岩黏结力逐渐降低，陡倾裂隙内的水柱产生静水压力；因泥岩夹层的泥化作用形成隔水层，裂隙水又将沿砂岩、泥岩接触界面渗流至坡外，水流产生动水压力，在静水压力和动水压力共同作用下造成危岩体沿泥化的裂隙面滑移崩落。

由于河北省太行山区泥岩、砂岩等软岩、硬岩相间的组合一定会形成差异风化，砂岩抗风化能力强则形成陡崖，软岩抗风化能力弱而形成岩腔。风化初期阶段岩体表面以物理风化作用为主，主要表现为卸荷回弹，微裂隙张开度逐渐变大。在降雨作用下，泥岩迅速崩解，岩腔逐渐扩大，大量拉张裂隙在上部砂岩中产生，形成危岩体，且处于极限平衡状态。地震、降雨和人类工程活动等诱发因素的作用下，危岩体发生失稳崩落，上部的砂岩形成新陡崖，下部泥岩持续风化并发生崩解。新危岩体又开始孕育，反复进行。

（五）滑坡发育特征

1. 滑坡的类型

河北省太行山区滑坡灾害相对较少，可分为堆积层滑坡、黄土滑坡和岩质滑坡（表2–3）。

（1）堆积层滑坡

堆积层滑坡是发生在第四系（Q）松散堆积层（黄土河黏性土除外）中的滑坡。滑坡体是残积、坡积、崩积、冲洪积等形成的碎石土。堆积层滑坡在河北省太行山区分布较广。

（2）黄土滑坡

新老黄土中发生的滑坡，多出现在高阶地前缘陡坎上，沿不同时代、不同成因的黄土界面或古土壤层面、基岩顶面滑动。滑坡的产生常与黄土对水的不稳定性有关。黄土滑坡在太行山区张家口地区分布较多，如在怀来县发育较多黄土滑坡。

（3）岩质滑坡

第四系（Q）以前的各种岩石中发生的滑坡。滑坡体多沿层面或软弱结构面滑动。滑坡壁上陡、下缓，常见粗糙擦痕。滑坡舌都常有放射状裂隙。以泥岩、泥质页岩、片岩等软岩中的滑坡居多。岩质滑坡在河北省太行山区有少量分布，主要是由于人类工程活动引起了岩质滑坡。

表2–3　滑坡因素分类表

主要因素类型	划分依据	基本类型	
		名称	指标
滑坡	滑体厚度/m	浅层滑坡	<10
		中层滑坡	10～25
		深层滑坡	>25
	物质组成	土质滑坡	发生在松散层
		岩质滑坡	发生在基岩内
	运动形式	推移式滑坡	上部岩层滑坡，挤压下部产生变形，滑动速度较快，滑体表面波状起伏，多见于有堆积物分布的斜坡地段
		牵引式滑坡	下部先滑，使上部失去支撑而变形滑动。一般速度较慢，多具上小下大的塔式外貌，横向张性裂隙发育，表面多呈阶梯状或陡坎状
	滑体体积/10^4m^3	小型滑坡	<10
		中型滑坡	10～100
		大型滑坡	100～1000
		特大型滑坡	1000～10000
		巨型滑坡	>10000

2. 平面形态

调查区堆积层滑坡较多，其次是黄土滑坡，岩质滑坡较少。滑坡后壁平面形态多呈典型的圈椅状，后壁多位于黄土梁峁斜坡中上部，坡度多在50°~90°之间。滑坡前缘表现为舌状或长舌状，老滑坡前缘多遭受侵蚀，个别滑坡甚至滑体大部分或全部被冲蚀殆尽，仅保留后缘圈椅形态和因侵蚀坍塌而残留的坡面较陡的少量滑体。滑坡平面形态有半圆形、矩形、不规则形等（图2–42，图2–43）。

图2–42　黄土滑坡（半圆形）

图2–43　黄土滑坡（矩形）

3. 滑坡体及结构面

1）滑坡体：区内堆积层滑坡体主要是第四系（Q）残坡积碎石土，碎石含量较高，结构松散，渗透性强，力学性质较差。

区内黄土滑坡体主要是第四系上更新统（Qp_3）粉土。部分滑坡体上发育有滑坡裂缝，滑体结构一般较为松散，透水性较好。

2）结构面与滑带：区内滑坡体结构面主要为节理裂隙面、层面、岩性差异面等。河北省太行山区已发生的堆积层滑坡滑面是碎石土与基岩接触界面，层面控制着滑动面的位置。黄土滑坡是层内滑动，滑体沿竖向节理滑动。

3）滑床：区内堆积层滑坡体滑床是基岩，主要岩性为花岗片麻岩、斜长角闪岩、片麻岩、砂岩，透水性较差。区内黄土滑坡是层内滑坡，滑床是粉土。

4. 边界特征

（1）滑坡后壁

滑坡后壁是滑坡体最为显著的特征要素之一，其位置较高，平面形态多呈弧形。后壁坡度一般较大，在50°~90°间，坡向与原始坡向基本一致，坡度明显大于原始坡面坡度；顶部与原始斜坡坡面相交，形成明显的坡度转折，滑坡越新转折越清晰。后壁中部坡高最大，向两侧弧形弯曲并降低。

（2）滑坡侧界

滑坡侧界分两部分：上部为侧壁，与后壁特征相近；下部为滑体边界，在滑动中滑体堆积于下方，向两侧扩展。滑坡下滑后，坡面坡度减缓，在斜坡上形成凹地。凹地两侧即为上部侧界。随着滑坡发生时间早晚不同，侧界保留的清晰程度也不同，大多古滑坡和老滑坡侧界已不甚清晰，林木草丛覆盖，与原坡面呈渐变过渡。由于滑体大多后倾，中部凸起稍高，两侧边界地势最低，可见发育有双沟同源现象。下部滑体顺坡向突出，向两侧扩展。部分还可见到明显的台坎。由于黄土强度低，其边界在长期风化作用下，多与原始坡面渐混为一体。

（3）滑坡前缘

受流水侵蚀，处于斜坡坡脚的古滑坡和老滑坡前缘多形成滑坡临空面，其高度一般在数米至十数米，临空面坡度陡，多在45°以上，甚至直立。

5. 表部特征

滑坡表部特征主要受微地貌影响形态多样。由于房屋等构筑物对变形的敏感度高，坡体的变形往往多反映在地表构建筑物上。一般反映在房屋墙体裂缝上，裂缝多为沿纵墙或山墙分布的张性裂缝，总体上窄下宽，并且与屋内地面裂缝联通，且屋面裂缝多形成错差。本次调查中发现多处滑坡体存在房屋建筑开裂现象，裂缝走向一般垂直于滑动方向。

6. 滑动特征

滑坡的滑动方向与斜坡的坡向相同。区内沟壑纵横，滑动方向各不相同。推移式滑坡主要表现为上部岩层滑动，挤压下部地层产生变形，滑动速度较快，滑体表面波状起伏。牵引式滑坡则多属于坡脚遭受流水侵蚀或人工开挖斩坡等引起，下部先滑，使上部失去支撑而变形滑动，滑动速度一般较慢，多具上小下大的塔式外貌，横向张性裂隙发育，表面多呈阶梯状式陡坎状。

（六）泥石流发育特征

1. 泥石流沟地形地貌特征

该区内泥石流多发生于中低山区，区内山坡坡度较陡，多大于35°。地表的植被覆盖度较低，植被破坏较严重，岩体多裸露。该区内泥石流沟多是“U”形谷或“V”形谷，沟床纵坡降大，平均纵坡降在200‰以上，流域面积小，沟道较短（表2–4）。沟源区侧壁的坡度较大，坡度多大于55°，局部是近直立陡坡，沟源底部多是漏斗或扇形洼地，洪水易于在此积聚。在平面上整沟呈现“源头和沟口较宽阔，中部狭长”的形状（图 2-44）。

表2-4　河北太行山区典型泥石流沟谷指标统计表

泥石流沟	沟床比降/‰	沟道长度/m	沟道面积/km²
井陉县汪里	400	300	0.056
平山县牛圈沟	160～320	850	0.80
平山县松坪村西沟	125～285	2000	1.01
平山县下瓦岔村东沟	140～365	1310	
元氏县佃户营圈门沟	350	1450	
元氏县佃户营代家沟	230～315	1714	
元氏县佃户营凉泉沟	248～410	1312	
灵寿县寺东沟	200～300	500	0.34
赞皇县小洪寨	110～330	1600	0.785
平山县小觉镇冶家沟			1.14
平山县元坊村东沟			2.79
平山县两岔村水峪沟			1.94
平山县上柳村道老沟			1.67
平山县下刘家坪村西沟			1.00
平山县水渣沟村鼠地弯			0.20
平山县水渣沟村大南沟			1.60
涉县西寂寥村大西沟			0.30
涉县鹿头乡谷儿沟			2.17
满城县西高士庄刘黄沟			0.097
赞皇县野湖泉村中西凹			0.10

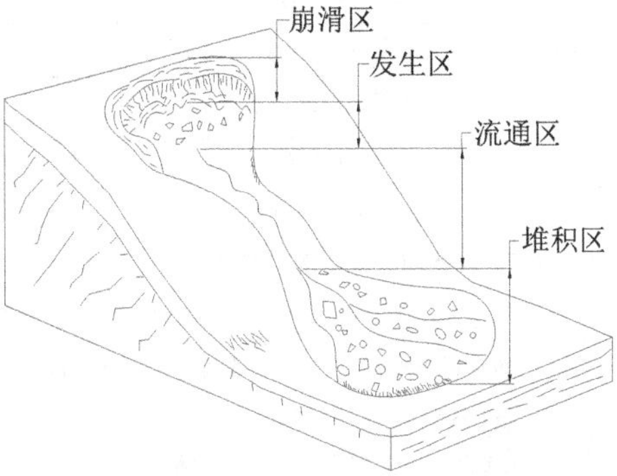

a. 泥石流发育立体示意图

图2-44　河北太行山区典型泥石流发育示意图

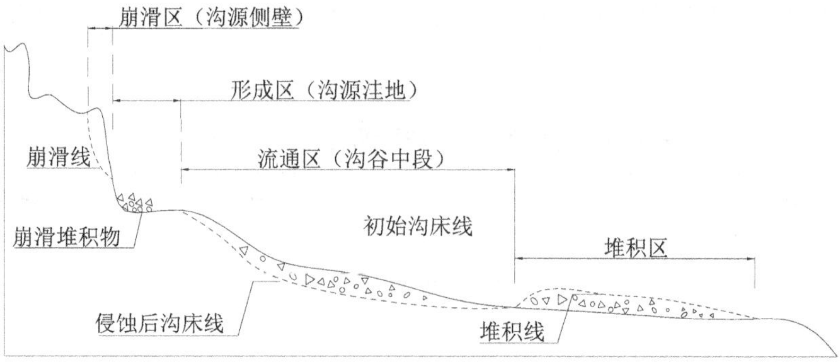

b. 泥石流发育剖面示意图

图2-44　河北太行山区典型泥石流发育示意图（续）

2. 泥石流的暴雨激发特征

该区泥石流多发生于雨季中后期，主要暴发在每年的7月20日—8月10日之间，如1963年8月特大暴雨诱发涉县前南峪村、赞皇县黑石沟、尖山涞源芦草湾、平山县牛圈沟等发生泥石流；1989年7月22日，特大暴雨诱发了满城县西高士庄刘黄沟和易县五间房泥石流；1996年8月，特大暴雨造成了邢台县、涉县、平山县、元氏县、赞皇县等多处泥石流发生。通过调查可知，该区暴发泥石流的前期降水量多大于200 mm，暴发时的激发日降水量多大于150 mm（表2-5），由此可见该区泥石流多由特大暴雨激发的特征。

表2-5　河北省太行山区泥石流暴发时间降水量统计表

暴发时间	泥石流沟	降水量
1953年8月	灵寿县新开沟	当日降水150 mm
1956年6月27日	井陉县汪里村	3日内降水503 mm
1963年8月上旬	涉县浆水镇前南峪村	当日最大降水313 mm
1963年8月4日	赞皇县黑石沟、尖山	当日最大雨水403 mm
1963年8月5日	涞源芦草湾	当日降雨水122 mm
1978年8月20日	平山县牛圈沟	4小时降水400 mm
1989年7月22日	满城县西高士庄刘黄沟	28小时降水325 mm
1989年7月22日	易县五间房	当日降水185 mm
1996年8月4日	涉县鹿头乡谷儿沟	当日降水223 mm
1996年8月4日	邢台县浆水镇水门村栗子沟、将军墓镇寺沟村	24小时降水275 mm
1996年8月4日	涉县固新镇小东村，西达镇后匡村，偏城镇平房沟村，合漳乡黄龙口村	19小时降水355 mm
1996年8月4日	平山县元坊村东沟，两岔村水峪沟，上柳村道老沟，下刘家坪村西沟，水渣沟村鼠地弯、大南沟，小觉镇治家沟	2日内降水大于439 mm
1996年8月4日	元氏县佃户营村圈门沟、代家沟	2日内降水450～500 mm
1996年8月4日	赞皇县野湖泉村中西凹	2日内降水大于300 mm
1999年8月14日	平山县下瓦岔村东沟	34小时降水760 mm

3. 泥石流形成的崩滑演化特征

该区泥石流沟谷地质构造活动强烈，造成岩体破碎。出露的地层岩性是中太古界片麻岩；寒武系砂岩、页岩、石灰岩及奥陶系白云岩等软岩硬岩交替地层，沟源区侧壁上的岩土体在前期雨水冲刷和浸泡下，稳定性变差，极易发生滑移或崩塌。该区泥石流常伴随着滑坡或崩塌等灾害发生而形成，崩滑物滑入沟源区沟道，泥石流物源就此形成（表 2–6）。

表2–6　河北太行山区泥石流初始物源统计表

时间	泥石流发生区	泥石流初始物源
1953年8月	平山县木头沟、灵寿县新开沟	崩滑物
1956年6月	井陉县汪里村	崩滑物
1963年8月	赞皇县黑石沟、尖山	崩滑物
1978年8月	平山县牛圈沟	崩滑物
1989年7月	易县五间房	滑坡物
1989年7月	满城县西高士庄刘黄沟	崩滑物
1996年8月	平山县小觉镇治家沟、元坊村东沟、上柳村道老沟、下刘家坪村西沟、水渣沟村鼠地弯、佃户营村圈门沟、代家沟、赞皇县野湖泉村中西凹、涉县鹿头乡谷几沟、邢台县浆水镇水门村栗子沟	崩滑物
1996年8月	平山县两岔村水峪沟、邢台县将军墓镇寺沟村	滑坡物
1999年8月	平山县下瓦岔村东沟	崩滑物

4. 泥石流的运移特征

该区泥石流具有崩滑区、发生区、流通区和堆积区，各区的运移特征各不相同（图 2–44b），其运移特征叙述如下：

1）泥石流形成区包括崩滑区与发生区。沟源的陡壁是崩滑区，在雨水冲刷和浸泡后发生滑坡或崩塌，崩滑物滑入沟道，为形成泥石流提供了物源；沟源洼地是发生区，该区积聚的洪水与崩滑物混合，在洪水冲击作用下快速形成泥石流。泥石流中固体物质主要是崩滑的岩土体，颗粒大，黏度低，流速快。

2）流通区沟道狭窄且沟床纵坡降大，沟底有大量松散堆积物。该区段泥石流快速流动，沟床及侧岸被强烈侵蚀，沟床被深切，沟床上部的堆积物被剥蚀搬运，使沟床向下移，造成沟谷变深。

3）堆积区位于沟道的下游至沟口平坦区域，沟道变宽阔，沟床纵坡比降小，其流速变缓，泥石流流体中的泥沙碎石在此逐渐沉淀堆积，形成的泥石流扇掩埋房屋或农田，使地面变高。

二、地面塌陷发育特征

地面塌陷指地表的岩土体在人为因素或自然作用下陷落，且在地表产生塌陷坑的地质现象。河北省太行山区地面塌陷分为以下类型：

按塌陷形成原因分为：岩溶塌陷、采空塌陷和降雨入渗塌陷。这三类塌陷在河北省太行山区均有分布。

按地表沉陷特征分为：塌陷坑、地裂缝和沉陷盆地。在河北省太行山区地面塌陷表现形式是塌陷坑和地裂缝。

通过野外调查可知，河北省太行山区地面塌陷发育较多，主要分布岩溶区、山前平原和山间盆地等。岩溶区地面塌陷主要在石家庄西部山区和保定市西部山区碳酸盐岩区域。采空塌陷主要分布在河北省太行山区采矿区域，采矿诱发了较多的地面塌陷，造成的经济损失较大。在地下水活跃地段，由于地下水渗流诱发的地面塌陷在河北省太行山区有少量发育，造成的经济损失轻微。

采空塌陷在地表形成沉陷区，其主要表现形式为塌陷坑和伴生地裂缝，同时地表的分布特征、采空区范围及形成时间具有一定相关性。塌陷形式以塌陷坑、塌陷槽和波状起伏地形居多。塌陷坑一般呈椭圆形不规则状，深 0.1 ~ 0.5 m。采空塌陷的发生具有迟滞性、分期性、重复性和移动性等特点，根据其活动变形迹象及煤矿开采状况及其他地质环境条件等判定其稳定性均为不稳定。

三、地质灾害分布规律

（一）地质灾害空间分布规律

1. 沿河谷、道路两侧呈条带状分布

区内地质灾害分布规律严格受自然地质条件和人为因素的制约，地质灾害在空间上有相对集中和条带状展布的分布规律。据 1 : 5 万地质灾害风险调查资料统计，除地面塌陷地质灾害，崩塌、滑坡、泥石流地质灾害均有明显的沿河谷、道路两侧呈条带状分布的特点。另外，在修建公路切坡形成的高陡边坡处和人工切坡建房而成的陡崖处也有分布。

2. 地质灾害受地形地貌控制明显

调查区地质灾害受地貌因素控制较为明显，据调查资料统计，河北省太行山区地质灾害由河谷区—丘陵区—低中山区分布密度逐渐变小，活动性也有所减弱。在河谷区，

谷坡陡峻且人口较多，人类工程活动较强烈，故地质灾害也较为发育。

3. 在地层岩性不利组合部位相对集中

在太行山区张家口境内，崩塌、滑坡主要发生在第四系（Q）黄土中。第四系（Q）黄土，垂直节理发育，结构疏松，在高陡边坡部位，卸荷裂隙和风化裂隙发育，故在黄土高陡边坡地段，黄土崩塌密集。在粉土、粉质黏土、黏土不同岩性接触面易形成软弱结构面，产生滑坡灾害。

在河北省太行山区（张家口段除外）境内滑坡主要是残坡积土滑坡。残坡积土滑坡指斜坡土体是第四系（Q）残坡积的碎石土，碎石的含量较高、碎石大小不等。土体中孔隙较大，渗透性较好，抗剪强度较低。下伏地层往往是基岩，如砂岩、页岩、灰岩等，基岩透水性较差。雨水从碎石土入渗并汇集基岩面，造成基岩面处的土体处于饱和状态，降低了其抗剪强度，易形成滑坡。

在河北省太行山区（张家口段除外）境内崩塌以岩质崩塌为主，主要分布在太行山区的大峡谷及公路沿线两侧。太行山区分布多处大峡谷，如红豆峡、五指峡、王莽峡、八泉峡、百里峡、青龙峡等。大峡谷的岩性主要是砂岩、泥岩、页岩、白云岩、灰岩、泥灰岩等；峡谷中的岩层往往是软硬相间，软岩易风化，硬岩较难风化，差异性风化使岩体的稳定性变差，易形成崩塌。峡谷中岩层多是近水平岩层，竖向裂隙较发育，裂隙及层面相互切割，使岩体稳定性变差，易形成崩塌灾害。河北省太行山区有高速公路、国道、省道、县道、村村通等公路，由于修建路切坡，致使坡体岩体破碎，易形成崩塌灾害。

（二）地质灾害时间分布规律

河北省太行山区的地质灾害中崩塌、滑坡、地面塌陷等地质灾害的发生，往往是由于人类切坡、采煤等人类活动密切相关，与降雨关系不大，从时间分布上看规律性不强。泥石流在时间域上，呈现出集中分布的规律。主要表现为泥石流灾害发生的次数与年降水量和月降水量的偶合关系。

1. 在年降水量大的年份相对集中

降雨是诱发区内地质灾害的一个主要因素，在降水量大的年份灾害高发。泥石流和崩塌主要是由于暴雨和连续降雨诱发的，因此受气象因素的控制，往往降水多的年份，也是泥石流多发的年份。据调查资料可知，1953 年、1956 年、1963 年、1978 年、1988 年、1989 年、1996 年和 1999 年普降大暴雨，泥石流发生较集中，大大高于其他年份。另外，暴雨多的年份，也是泥石流高发生的年份。

2. 在一年中的雨季相对集中

集中降雨是本区泥石流发生的主要诱发因素。据河北省太行山区多年月平均降雨资料，区内降水量主要集中在每年6—9月的汛期，也是泥石流主要发生期，尤其是7—8月间，其中7月20日至8月10日这一段时间内发生了90%以上的泥石流灾害，主要原因是每年暴雨主要集中在这一时间段内，泥石流暴发的时间与洪涝灾害发生的时间同步，暴雨和特大暴雨中心区域也是泥石流发生的主要区域。

第三节　河北省太行山区地质灾害的成因与潜在的威胁

一、地质灾害的成因崩塌灾害的成因

（一）崩塌灾害的成因

崩塌是在某些特定自然条件作用下形成的，是多种因素共同作用的结果，其形成的基础因素有地形地貌条件、地层岩性条件和地质构造条件；降雨、振动力、地下水、风化作用和人类工程活动等因素对崩塌形成、发展起着重要作用。

1. 地形地貌条件

地形地貌直接关系崩塌的形成。崩塌多形成于山地和高原沟谷。从局部地形上看，崩塌多数发生于高陡斜坡处。据斜坡稳定性条件，如果岩土体的重力作用能克服其摩擦阻力，岩土体会产生崩塌。由岩石实验可知，山坡坡度大，可能会发生崩塌。

2. 地层岩性、岩体结构条件

地层岩性和岩体结构明显控制着斜坡崩塌的发生。在结构面较多土体和坚硬脆性岩体中易发生崩塌。一般来说，块状、厚层状坚硬脆性岩体往往形成陡峭斜坡。如发育有多条断层和节理，并且有临空面存在，则易发生崩塌。巨厚层的沉积岩与下伏的软弱岩层所组成的高陡斜坡易形成大型崩塌；软硬相间岩层组成的斜坡，因软弱岩层易风化导致硬岩块突出，易发生崩塌；变质岩、岩浆岩构成的斜坡，裂隙很发育，易形成小型崩塌；软岩容易风化剥蚀，其形成的斜坡一般较缓，形成崩塌的可能性较小，多数崩塌发生于岩浆岩，中太古界、中—新元古界变质岩的块状岩石，第四系碎石土及黄土中。

崩塌多发生层理面、层面、裂隙面等岩体的结构面处，软弱结构面倾向临空面且其延伸长度、发育程度、抗拉强度是控制斜坡发生崩塌灾害重要因素。

3. 地质构造条件

当陡峭斜坡走向与大断裂平行时，该斜坡可能发生较多崩塌。在多组断裂相交峡谷区，多是大型崩塌发生区域，断层密集区岩层较破碎，在坡度较陡斜坡往往发生落石或崩塌，而这些地方常常是河北省太行山区的公路所在地方。

位于褶皱核部的岩层强烈变形，往往产生大量垂直于层面的张裂隙。在风化作用和多期次构造作用共同影响下，破碎的岩体常常产生一定位移，进而成为崩塌体。如危岩体受降雨、地震等外力作用，可能会发生崩塌落石。

褶皱轴向垂直坡面方向时，常常发生小型崩塌和落石。褶皱轴向平行坡面时，高陡斜坡可发生规模较大崩塌。

在褶皱两翼，如果坡向与岩层倾向相同时，易发生滑移式崩塌，尤其是岩层裂隙发育且存在软弱夹层时，可能形成较大的滑移式崩塌。

4. 降雨及地下水条件

长时间降水和暴雨均是崩塌形成的诱发因素。降雨后雨水渗入岩体裂隙，转化为地下水。崩塌受地下水影响如下：地下水渗流对崩塌体产生动水压力和静水压力；雨水会软化裂隙中的充填物且使充填物抗剪强度降低；地下水对崩塌体会产生浮托力；地下水降低稳定岩体与崩塌体间的抗拉强度。

降雨形成的地表水冲刷及浸泡坡脚，削弱了坡体支撑力，坡体强度降低，进而诱发了崩塌。

5. 其他诱发条件因素

人工爆破、地震产生的振动可能诱发崩塌。

开矿、修建公路、建房等人类工程开挖往往使自然斜坡坡度变陡，原岩土体平衡状态被破坏，岩层下部失稳，进而诱发崩塌。

（二）滑坡灾害的成因

1. 滑坡发育的地质环境条件

（1）地层岩性

地层岩性是滑坡形成的物质基础。抗风化能力和抗剪强度低且结构松散、遇水易发生变化地层均是易滑坡地层，如黄土、黏土、泥岩、页岩、千枚岩、片岩等。软弱岩层较易风化，风化物中含有较多黏土颗粒。黏土颗粒具有亲水性、崩解性和胀缩性性质，同时渗透性较低。当雨水入渗至此界面时，黏土颗粒吸水崩解，其抗剪强度降低，同时黏土层形成隔水层，雨水汇集于此界面，润滑滑动面，导致滑坡体加速下滑。河北省太行山区滑坡多是上覆残坡积体沿下伏基岩面滑动。多数滑坡分布于太古界、元古界变质岩和岩浆岩及第四系的碎石土和黄土中。

（2）地质构造及岩土结构

地质构造控制着区内地貌格局，地质构造复杂区也是滑坡灾害高易发区。褶皱、断裂等地质构造，控制滑坡区的地貌形态及地下水分布情况，也控制滑动面空间形态，尤其对岩质斜坡的稳定性影响很明显。断层带的岩石破碎，是地下水丰富和活跃地带，滑坡极易发生。岩层和结构面的产状对斜坡稳定性影响很大。水平岩层斜坡稳定性好，如存在陡倾裂隙时，则易产生剥落和崩塌。当斜坡坡向与岩层倾向相同时，斜坡稳定性变差，易发生顺层滑坡；若两者的倾向相反时，则斜坡较稳定；若竖向节理或沿片理方向节理发育，则易发生倾斜滑坡。

（3）地形地貌

适宜的高差和坡度是形成滑坡基本条件。山体坡度为20°～50°，地形相对高差大。滑坡发生的优势坡形是上下较陡中间缓。多数滑坡分布在高程400～800 m，坡度是20°～50°斜坡上，滑坡发育最优斜坡的坡角是30°～40°。尤其是岩层结构面的倾向与斜坡坡向相同时，易形成滑坡。坡角大于50°的斜坡发生滑动可能性较大，但发生多是崩塌。

（4）地下水的作用

地下水能使岩土体软化和降低其抗剪强度，产生孔隙水压力和动水压力，增加岩土体容重，潜蚀岩土，对岩土体产生浮托力，易于滑坡形成。

2. 滑坡诱发因素

（1）大气降水

降雨是滑坡发生的诱发因素。降雨增加坡体的重量。岩土体遇水后，其抗剪强度降低；水充满岩体裂隙时会产生静水压力，存在水头差时会产生水压力，均会诱发滑坡。通过统计资料可知，河北省太行山区多雨年份滑坡发生频率及规模均比其他年份高，年内6—8月多雨季节是集中发生滑坡的时期。

（2）河流、沟谷等水流的冲刷

河流、沟谷等水流冲刷其岸坡，淘蚀岸坡坡脚、削弱其支撑力，导致岸坡坡体失稳发生滑动。

（3）人类工程活动破坏坡体平衡

滑坡发生多与人类工程活动密切相关。①开挖坡脚。由于建房或修建公路对斜坡坡脚挖土，打破了原本稳定性较好的斜坡应力状态，从而诱发了滑坡灾害。②采掘活动可能引发地表坡体失稳。大规模的采空区导致斜坡坡角变大和引发顶板岩层变形，从而引发滑坡。③人工爆破引发的振动力导致山坡失稳，发生滑坡。

（三）泥石流灾害的成因

1. 泥石流灾害的形成条件

泥石流形成条件包括地形条件、物源条件和动力条件。河北省太行山区多数泥石流沟存在沟源区岩土体发生崩崩或滑坡，其崩滑体滑入沟道内，为泥石流的发生提供了大量物源；暴雨和大沟床纵坡降为泥石流形成提供了强大动力。河北省太行山区泥石流是暴雨激发泥石流，对其形成所需的物源条件和动力条件进行分析如下。

（1）初始物源条件

沟源区侧壁坡度较陡且岩体往往是软硬岩相互交替出露，破碎的岩土体经前期降雨长时间浸泡，当遇到强降雨时，易形成崩塌或滑坡，滑入沟道内构成泥石流的初始物源。

（2）持续物源条件

河北省太行山区多数泥石流沟道内分布大量的松散堆积物，在部分沟谷中堆积矿石矿渣。在泥石流运移过程中，会产生两种侵蚀，即对沟床切割侵蚀和对沟道侧岸进行侧蚀。这两种侵蚀为泥石流提供大量持续物源。

（3）初始动力条件

在沟源区内侧壁，崩滑体势能转化为动能及沟源洼地内洪水的流动力组成泥石流初始运移动力。

（4）持续动力条件

在泥石流前移过程中，沟谷支沟和两侧山坡混入的洪水，为泥石流运移提供持续的动力。

2. 泥石流的崩滑演化机理

滑坡和崩塌演化为泥石流主要经历了以下阶段（图 2–45）。

（1）前期雨水入渗致使沟源侧壁岩土体进入饱和阶段、沟源侧壁岩土体处于局部剪切破坏的阶段

雨季之前，沟源侧壁的岩土体呈非饱和状态。在前期降雨的作用下，雨水入渗使岩土体逐渐饱和，基质吸力逐渐降低，造成岩土体抗剪强度降低，在渗透力和重力作用下，岩土体中局部发生剪切破坏，产生了剪切裂隙（图 2–46a）。

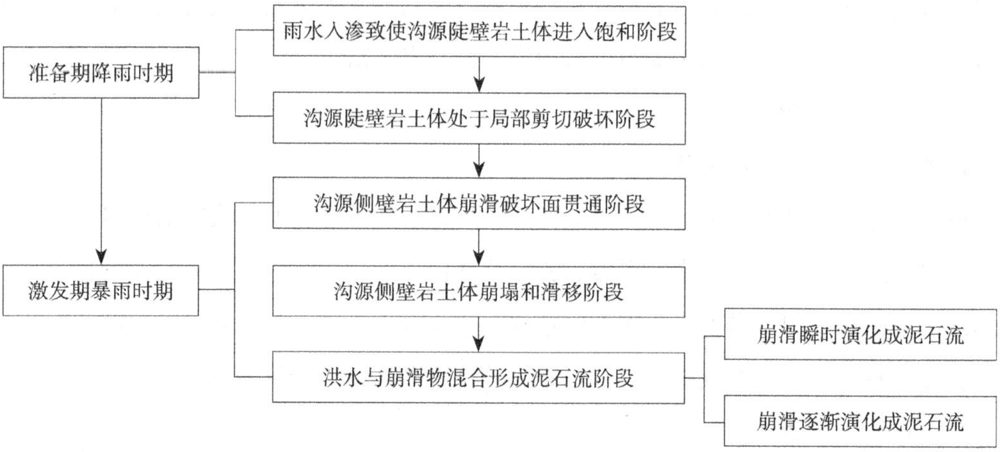

图2–45　河北省太行山泥石流崩滑演化阶段框图

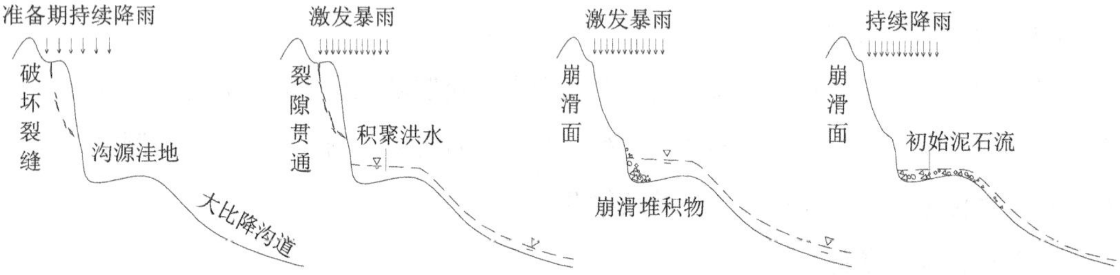

a. 沟壁岩体局部破坏　b. 沟壁岩体破坏面贯通　c. 沟壁岩体失稳崩滑　d. 初始泥石流形成

图2–46　河北省太行山区泥石流的崩滑演化示意图

（2）沟源侧壁岩土体崩滑破坏面贯通阶段、岩土体崩塌和滑移阶段、崩滑物与洪水混合形成泥石流阶段

在强降雨时，大量雨水入渗，导致沟源侧壁岩土体的孔隙水压力增加，剪切破坏产生的裂隙逐渐贯通形成崩滑面（图 2–46b），造成岩土体发生滑移或崩塌，崩滑岩土碎屑堆积在沟源洼地（图 2–46c）。洪水与崩滑岩土碎屑混合泥石流形成。

崩塌或滑坡发生时，沟源内洼地积聚大量雨水，在崩滑体重力作用下，岩土碎屑与洪水迅速混合，崩塌或滑坡体巨大势能迅速转化成动能，泥石流开始形成（图 2–46d）。泥石流在初始动力作用下，向沟道中下游运移，像下瓦岔泥石流就是这种情况。

崩塌或滑坡发生后，滑入沟谷中的崩滑体阻塞沟谷中洪水，易形成堰塞湖。如洪汇聚的水量增加，最终导致堰塞湖溃决；岩土体与洪水混合形成泥石流，如涉县的谷几沟泥石流就是这种情况。

（四）地面塌陷灾害的成因

采空塌陷是由于矿体被采空形成采空区，采空区上部的岩土体在振动、降雨或采矿作用下原有的平衡将被破坏，造成上部岩土体移动、变形直至破坏，然后向下塌落产生塌陷。塌陷往往与采矿活动或地质条件存在很大的相关性。地下采矿产生的采空区是造成地面塌陷先决条件，降雨、震动等是地面塌陷的诱发因素，塌陷特征和其形成演化受地质条件控制。通过对河北省太行山区采空塌陷调查发现，其形成原因如下。

（1）地层岩性特征

地面下伏基岩的时代和岩性的影响，反映采空区上方岩石强度对塌陷的影响。当采空区面积一定时，其上部岩石强度和塌陷的可能性往往成反比例关系。

以蔚县公路段的地面塌陷为例来进行说明。蔚县公路段的地面塌陷主要是采煤引起的，主采煤层是石炭系上统太原组（C_3t）与二叠系下统山西组（P_1x）所含煤层。太原组的煤层顶板（灰岩）岩石强度比山西组的煤层顶板（砂泥岩）岩石强度大很多，由于该地段的灰岩厚度较薄，且在该地段构造和岩溶较发育，造成灰岩强度降低。所以在蔚县公路段主采煤层顶板都是较软弱岩层，且很多是小窑开采，采动后较易产生垮落冒顶，于是在地表上就出现了塌陷坑和拉裂缝。

在河北省太行山区第四系地层发育地段，基岩上覆盖有不同岩性和不同厚度的松散堆积物，将对地面移动盆地的移动范围、强度和塌陷形态、形成时间影响均较明显。当基岩上覆盖松散层较厚时，盖层的松散物质将会充填地层移动产生的裂隙，减缓地层的破坏程度，使地表塌陷滞后。若基岩上覆盖松散层较薄时，则地面塌陷严重，且地面塌陷多发生于采矿之后，滞后时间较短。

（2）地形地貌与地质构造的影响

地形地貌是影响某些塌陷类型产生的基础条件。矿山开采会引起岩土体下沉，进而影响到地面陡坡的稳定性，容易造成滑坡或崩塌。

矿区断裂构造较易引发地面塌陷。若断裂构造穿过矿体可造成顶板承压力降低，甚至有活动断裂穿过的采空场，较易形成地面塌陷。

（3）地下采矿活动的影响

1）采空区的规模能够反映地下开采程度的大小，往往决定了地面塌陷发生规模。当采空区开采到一定规模后，变形就会延伸至地表。若采空区继续扩大，则地表下沉量也将增大。当采空区开采到一定范围时，如果采空区继续扩大，地表下沉量却不再增大。由此可见，这一范围内的采空区对地面沉陷影响巨大。

2）采空区顶板厚度、矿层开采厚度和矿层倾角。采空区顶板厚度（H）和矿层开采厚度（h）是引发地面塌陷的重要参数，通常以深厚比（H/h）衡量。一般情况下，采深越浅或者采厚越大，就越易产生地面塌陷。

通常来讲，采空区顶板塌落影响上部岩层厚度往往是采空区高度8倍左右，其影响范围多是采空区向上内倾70°～80°范围内。例如，在邯郸市某国有煤矿开采深度是300～400 m，煤层厚度主要在10～20 m之间，结果其地面沉降不明显；然而个体或集体小煤矿开采深度仅是100～200 m，煤层厚约10 m，结果煤层开采对地面影响显著。通常开采区内地面沉降、地裂缝的严重区，往往都分布在小煤矿集中区。

开采深度对地面沉陷速度以及持续时间有很大影响。通常来讲，开采深度越浅就越容易产生地面塌陷。

由《煤矿地质工作细则》可知，岩层倾角（α）划分为：水平及缓倾斜岩层（$\alpha < 35°$）、倾斜岩层（α=35°～54°）和急倾斜岩层（$\alpha > 54°$）。煤系地层倾角的大小对采空区的移动和破坏形式有很大影响，造成早地表移动的形态及其变形值大小的变化。通常来说，岩层倾角变化较大区域，采空区发生塌陷的可能性较大。

3）重复开采。当上部矿层开采后，再开采下方矿层时可能会使上部岩土体受到剧烈扰动，由此可能造成破坏失稳。在相似条件下，重复开采次数越多，在空间上采空区叠置层数多，导致地面塌陷危险性越大。老矿区周边发生较多塌陷的原因就是重复开采所引起的。

4）水文地质条件的影响。水文地质条件改变是诱发地表塌陷重要因素之一。若采空区顶板岩体充水后，使其自重变大，同时由于岩体受水的润滑、软化等作用，岩体强度变弱，当强度接近或等于极限状态时，进而导致塌陷。此外，地表水沿裂隙或断层灌入，降低了裂隙、断裂的抗滑动性能，增加了采空沉降或塌陷的可能。

影响地面塌陷的水文条件有降水、地表水的渗漏、生活排水及灌溉水、采矿排水及降水等。因此，雨季节是地面塌陷灾害多发期。

二、地质灾害灾变潜在的威胁

河北省太行山区是地质灾害频发的地区，尤其近年来，强降雨等极端天气和大规模的人类建筑工程活动，加剧了地质灾害的发生频率，防治和应急管理工作刻不容缓。因此，加强地质灾害防治和应急管理工作十分重要。

河北省太行山区主要包括张家口市、保定市、石家庄市、邢台市、邯郸市，经过排查，发现重要地质灾害隐患点 3221 处。区域地质构造多为深山区和低山丘陵区，地形切割变化剧烈，风化层在有些区域较厚，但相比于岩石层较为松软，遇强降雨，极易被地表流水冲走，加上人类在工程活动中不注意加固等措施，从而诱发泥石流、滑坡、崩塌、地面塌陷等地质灾害，影响当地居民、房屋、公路、铁路、矿山、耕地等安全。

第三章

地质灾害应急管理相关理论基础

一、应急管理及相关概念

（一）应急管理

应急管理自古以来就存在，可以说，人类的历史在某种意义上就是应对各种突发事件的历史，尤其是中国5000年来应对自然灾害的历史，如“大禹治水”“都江堰”水利工程等。随着社会发展，诸如“存而不忘亡、治而不忘乱、安而不忘危”等预防在先、居安思危的应急理念和危机意识的概念逐渐显现。近年来，由于各类突发事件发生频繁，人们对应急管理方面的认识越来越深刻，应急管理体系日渐成熟，应急管理已经成为专门的一个研究领域。

对于“应急管理”概念解释，联合国国际减灾战略在《术语，灾害风险削减的基本词汇》（UN/ISDR，2004）中提到，应急管理是组织和管理紧急事务需要的资源与责任，尤其是准备、响应和恢复。应急管理包括为整合政府、志愿者和私营机构的正常工作而建立的计划、组织和机制，以综合和协调的方式解决广泛的应急需求，包括预防、响应和恢复。

美国联邦紧急事务管理署（Federal Emergency Management Agency，FEMA）将应急管理定义为：有组织地分析、规划、决策和分配可用的资源，对所有的风险灾难完成缓解、准备、响应和恢复等功能。

美国的米切尔·林德尔（Michael Lindell）认为应急管理（emergency management）是运用科学、技术、规划和管理来应对可能造成大量人员伤亡、造成严重财产损失和扰乱社会生活秩序的极端事件。

2007年10月，美国国土安全部（United States Department of Homeland Security, DHS）指出应急管理是协调、整合对于创建、维护和改进一系列能力所需的所有活动，包括准备、响应、恢复和缓解潜在或实际的自然灾害或紧急情况，无论灾难或紧急情况的原因如何。

在我国，“应急管理”术语最早是由核电行业引入。自2003年“非典”疫情出现以来，我国对应急管理的重视程度加强，“应急管理”成为大家都熟知的社会热语。但不同的学者对应急管理则有着不同的理解。

姜安鹏和沙勇忠（2010）认为，应急管理是指政府和其他公共机构在预防、事发、应对、处置和消除突发事件后果的过程中，通过建立一些必要的应对机制，采取一系列必要的措施，为保障公众生命和财产安全，促进社会和谐健康发展而开展的相关活动。

陈安（2009）将应急管理分为传统的应急管理和现代的应急管理。传统应急管理针对处理单一的领域或行业内的事件；现代应急管理（Modern Emergency Management，MEM）则是为了降低突发事件的危害，基于对造成突发事件的原因，科学分析突发事件的发生发展过程及其产生的负面后果，有效整合社会各方面资源，运用现代化的管理方法，有效监测、应对、控制和消除突发事件。

唐承沛（2007）认为，顾名思义，应急管理就是对突发事件的管理。

冯百侠和王绍玉（2007）认为应急管理是通过对相关人士的协调，明确对不同类型灾害的应急响应和灾害的管理责任并加以提高其管理能力。

张沛等（2007）的研究领域主要是城市的应急管理。他们认为，城市突发公共安全事件管理旨在通过建立完善、综合的城市公共安全突发事件体系，解决城市面临的各种突发公共事件，以有效预防、处置和减少突发公共事件，以城市管理者为核心进行的一系列组织、规划、持续和动态的管理活动。

1）应急管理是安全过程管理的一种。应急管理的首要目的是应对和处置突发事件，但应急响应和恢复与正常情况下的应急准备密不可分。特别是在正常的紧急情况下，应急响应和响应的有效性在很大程度上取决于应急准备。因此，应急管理不仅包括异常状态下的工作，还包括正常情况下的部分应急行动。换言之，应急管理包括应急前准备、应急后工作（如疏散、隔离、应急响应等），以及社会支持、康复和重建。

2）应急管理是实践管理活动的一种。以政府行政管理和活动为核心，但不仅限于政府，还包括管理活动的全部特征，如计划、组织、协调与决策等。在事件的初步预防、应对事件、迅速应对和消除紧急情况后果的过程中，采取了一些必要措施，通过建立必要的应对机制来确保人民的生命和财产安全。

3）应急管理是综合性的管理活动。应急管理包括常态下和非常态下两方面工作。具体来说，应急管理应包括应急预案体系建设、应急设备建设、基础设施建设、危险源和风险监测、隐患排查和防范、应急演习、应急公众教育、应急宣传培训、科学和技术发展、报警与应急救援设备设施建设及维护、应急储备建设、应急救援队伍建设、预测和预警、应急处置、恢复和重建、应急保障、应急责任追究和奖惩等与突发事件应急直接或间接相关的一系列内容。

（二）危机管理

1. 危机的特征

（1）危机具有突发性与紧急性

危机一定是突发紧急情况，但突发紧急情况不一定是危机，突发事件除非具备以下四个特征，否则不能称之为危机事件。四个特征是迫切需要快速决策，以及严重缺乏必要的训练有素的人员、物力和时间。

（2）危机具有高度不确定性

在危机发生后，人们常常不知所措，不知该怎么办，不仅是因为这种事件的发生没办法用常规性规则来判断，还因为没有经验知识来指导后果和随之而来的可能后果，一切似乎都在迅速变化。

危机之所以是危机，部分原因是在事件开始后很难预测其可能产生的后果，而且有可能带来连带效应。

（3）危机的影响具有一定的社会性

与突发事件和应急管理系统有关的危机是指在公共管理领域内的危机，即对社会制度的基本价值观和行为规范构成严重威胁，其影响和参与行为者是社会性的。

（4）危机事件的实质是非程序化决策问题

从本质上讲，不确定性源于缺乏信息，而现实中缺乏可见性会导致信息不可靠或不完整，无法为决策提供依据。

对于危机的状态，正是要在信息有限、资源有限、时间有限（客观上标准的“有限理性”）的背景下寻求一个“满意”的解决方案。从正常情况快速转变为紧急情况（从常态到非常态）的能力是危机管理的核心。

危机与常规突发事件的区别在于新奇性。怎样发现新奇性和为什么未能识别出新奇性的认识偏误，见表3–1。

表3–1　发现新奇性的方法和认识偏误的特征

发现新奇性的方法	认识偏误的特征
将注意力放在新奇性上	高估经验
能够用多样化的视角观察	经验的幻觉
系统化寻求“其他”看法	过度自信
设定操作期望并逐渐产生不同于这些期望的实际结果	未能观察到不利的证据或者不相信这些证据

2. 应急管理与危机管理的关系

（1）从研究对象来看，危机管理研究对象是危机，应急管理研究对象是突发事件

危机（crisis）最早源自希腊语中的krinein，指的是“有可能变好或变坏的转折点或关键时刻”，也包括“困难或危险的时刻或不稳定状态”的含义；从汉语字面的释义而

言，既“危险中也孕育着机遇”。

从两种角度定义危机：一种是从决策的角度定义危机；另一种是从冲突的角度定义危机。

赫尔曼是危机研究的先驱。他认为：危机是一种情境状态，在这种状态中，决策主体的根本目标受到威胁，决策改变之前的反应时间，决策主体的出现是意想不到的。根据罗森塔尔（Rosenthal）的说法：危机是对社会系统行为架构的基本价值观和规范构成严重威胁的事件，在极高的时间压力和不确定性条件下，必须对此做出关键决定。

薛澜（2003）认为：危机“通常是一系列不利情景的汇合，在这些情景中，决策者的核心价值观念受到严重威胁或质疑，信息匮乏，事态发展极其不确定，需要快速决策”。张成福（2007）认为，危机是指发生或爆发严重影响社会正常运转，威胁和破坏生命、财产和环境，超出政府和社会正常管理能力的紧急情况或紧急状态，需要政府和社会采取特殊措施加以处理。

从上面定义可以看出，尽管危机与突发事件的规模和对象不同，但危机管理与突发事件应急管理存在着不变的关系。

（2）从研究目的来看，危机管理与应急管理并无差异

危机管理和应急管理的目标都是尽量减少社会悲剧的发生。危机管理与应急管理没有根本区别。

国外突发事件应急管理多是以危机管理为基础。罗伯特·吉尔（Robert Gill）认为：危机研究和管理的目的就是尽量减少人类社会悲剧的发生。库姆（Coombs）对危机管理的定义是：它是一套旨在预防危机、应对危机和减轻与危机相关的实际损害的行动因素，换句话说，危机管理的主要目的是防止危机的发生，减少危机的频率，减少危机的负面影响，从而保护组织和人员免受损害。巴顿（Bartom）对危机管理的定义是：旨在制定危机情景的一系列实践活动的总称，包括危机管理技术、用于危机预防和管理的正式通信系统。

（3）从研究的范围或任务看，应急管理比危机管理范围更广

一部分学者根据应急管理的范围或目标来定义危机管理。格林（Green）指出，危机管理的一个特点是“事态已发展到无法控制的程度”。在发生危机时，时间因素极其关键，减少损失是主要任务。危机管理的任务是尽可能控制局势，将损失控制在一定范围内，在局势失控后寻求重新控制。米特罗夫（Mitroff）和佩尔森（Pearson）认为，收集、分析、传播信息是危机管理者的当务之急。在危机发生最开始几个小时内（或危机

持续时间很长时的最开始几天），管理者必须同步一些关键活动。这些行动是“事实筛查，深入分析，损失控制，加强沟通”等一系列活动。

国内也有学者对危机管理进行定义，苏伟伦（2000）认为，危机管理是指通过危机监测、危机预控、危机决策和危机处理，以预防和减轻危机造成的危害，甚至化危机为机遇的目标。薛澜（2003）则认为，危机管理的主要内容是在信息有限、资源有限、时间有限的条件下，找到“满意”的突发事件解决处理方案，快速从正常情况转换到紧急情况。

在应对积极性方面，危机管理是面对事件的积极措施，可以在没有不必要的成本的情况下进行；而应急管理是灾难性事件的高级阶段，是根据先前灾害造成的损失和后果进行管理的。

就涉及的学科而言，危机管理需要公关技巧和技能，技术只是一个辅助因素，应急管理则需要优化与决策理论、信息技术、经济学、管理学、社会学等多个学科的支持。

从研究广度来看，危机管理面临的事件更宏观，影响更广，造成的损失可能更大。如果处理得当，仍然有机会弥补潜在的损失，以免事件造成无法弥补的后果。应急管理则是处理各种突发事件，管理造成损失的情况，主要研究集中在对突发事件的缓解、准备、响应恢复。

3. 结论

危机和应急管理两者是孪生领域，有很多相似之处。

1）危机管理侧重于危机的特性、紧迫性和威胁的程度，及其所对应的非常规决策与行动以及战略性思考等管理特征。

应急管理对应的事件范围更广，危机不可避免地导致紧急状态，但并非所有应急状态都是由危机引起的，事实上，大多数应急状态与危机完全无关。

2）应急管理更像是一种公共管理制度，一般是制订和执行公共政策和政府活动的过程。危机管理包括管理领域内容，如评估、理解及应对各种严重危机情景的方法和技能等，并主要针对从事件发生那一刻到恢复过程的开始。应急管理的范围与相关突发事件的范围相同，应将大量非危急性突发事件纳入应急管理范围，这比危机管理的范围更广。

3）从管理对象的角度来看，应急管理涵盖了危机管理，而从管理主体的角度来看，危机管理涵盖了应急管理。

（三）风险管理

1. 风险及风险管理

根据威廉·沃（Waugh）的说法，应急管理是风险管理，其目的是使社会能够面对环境和技术风险，以及应对环境、技术风险造成的灾害。“处置和避免风险的学科”，因为风险包括转化的危险—突发事件和潜在的危险。哈多和布洛克（Hadow and Bullock，2003）说，应急管理是一门应对和规避风险的学科，等等。以上几点说明了应急管理与风险管理之间的相似之处。“非典”事件发生后，许多专家根据国际现代化建设的经验指出，中国正处于经济和社会的转型时期，“非典”等一系列事件预示着中国将出现一个高风险社会。基于此，展开了对风险社会以及风险管理的研究。

风险的概念最初用于早期的资本主义交易，意思是指冒险进入未知领域，后来成为商业与金融投资中的常见概念。风险管理最早源于1931年美国管理协会提出的“风险管理”概念。20世纪70年代，生产事故的频繁发生迫使科学家开始将风险的概念应用于技术事故。风险一直伴随着人类社会，没有一个时代、任何一个国家，甚至没有一个人在绝对安全的环境中生存和生活，只是某个国家的某个历史阶段可以有更鲜明的风险特征。根据国际社会经验，人均GDP在1000美元至3000美元之间的阶段，容易出现分配失衡、道德失范、公众失业、社会动荡等问题，社会处于不稳定状态。中国正处于经济社会转型的特殊历史时期，并将在今后很长一段时间内继续如此。

研究风险自然就会涉及风险管理。随着风险概念的逐渐普及，风险管理的方法也逐渐扩大。

2. 结论

风险管理和危机管理主要侧重于非常态管理，风险管理则是介于常态管理与非常态管理之间，主要解决防范和应对各种风险的问题，以避免升级为突发公共事件和危机。从本质上讲，风险管理旨在确保“不发生事故”，而应急管理不仅注重事前的防范，而且注重事中的管理和事后的处置。

（四）公共安全管理

1. 公共的含义

“公共”（public）本身包含很多含义，如公（有）的、公众（事务）的、政府的、公家的、公立的、社会的、公共的、公用的、公开的，它的反义词是“私人的”（private），对其外延的直观理解比较清晰，但在详细讨论其内涵时，可能会出现一些难题，我们可以用各种方法研究“公共”的含义，简单归纳为：从政府和国家的角度界定“公共”

概念，需要进一步研究法律概念、哲学概念以及主权、合法性和普遍福利等一般理论；“公共”只是根据对特定社会中人们在思考的社会功能或社会活动的感知来经验定义的，但由于理解不同，很难有统一的规则。

由于每个国家的社会观念和国情不同，对“公共”一词理解比较复杂，大部分人认为理解“公共”的含义和意义最有效的方法是使用某些学科中的概念，例如社会学、人类学等，通过功能分析方法和文化概念来解释它。

2. 安全的含义

狭义的安全是指生产中的安全，即在生产过程中保护劳动者安全和健康。换言之，是指劳动者在工作或生产过程中的安全，即按照国家法律、法规的规定，在确保职业安全卫生的条件和环境中从事生产、工作或者其他活动。

广义的安全是指生活、生产、生存、科学实践等所有安全问题，以及人们可以活动的所有领域和场所，因为在人们的各种活动或场所中，事故和危害的潜在危险以及外部有害因素始终客观存在，即事故普遍性不受空间、时间的限制，而只要有人和外来因素同时威胁着人们的身心，就总有安全问题。广义安全的概念和外延有三个内容：第一，安全是指人的身心安全（含健康）而言，不仅指人的身体安全，而且还要保障人的心理的安全和健康；第二，安全领域超越了生产、劳动的时空领域，延伸到人可以开展活动的所有领域；第三，随着社会文明、科技发展、经济发展、生活富裕的不同程度，对安全需求的水平与质量有了新内容和标准，与不同的时代意义相适应。特别是，安全是指在外部不利因素影响下，保护人的身体和生理机能免受损害、中毒或威胁，使人们能够健康、舒适、高效地生产和生活。另一方面，安全是指保证人的身心健康、舒适和有效运作的客观条件，即物质、精神或物质方面的客观保障因素。

3. 结论

在“安全”一词之前增加“公共”两字，包括以下含义：

1）和私人安全是有区别的。“公共安全”是相对于“私人安全”而言的，即强调执行安全活动主体是公共部门或公共服务机构，而不是私人机构。

2）明确安全活动主体是公共部门或公共服务机构，而不是私人机构。

3）强调社会责任和公共部门的承诺。安全活动的目的和性质决定了安全活动应承担的社会责任和义务。

4）强调公众参与性。公共安全的全过程与广大人民群众的利益息息相关，这种参与主要表现在公众对政府安全决策的影响上。

5）强调安全活动的开放性。一方面，公开性意味着政府机构负责人确保安全的工作必须透明并告知公众；另一方面，要向媒体和公众宣传安全管理的基本工作，随时接受检查、调查和监督。

（五）紧急状态管理

紧急状态是社会状态的一种形式，与正常状态相反，在任何社会中，都可以有两种状态在时间上共存，在空间上交替。由于社会体制、自然环境和地域文化等因素差异，不同组织对紧急状态的含义也有不同的理解。有一种是从广义上理解的，每当发生扰乱正常社会秩序的事件时，就称为紧急状态。紧急状态被狭义地理解为在国家或地方一级发生的一种特殊和危险的事态，但可以由国家的行政部门控制。与正常社会状态比较，紧急状态往往意味着违反社会秩序、违反国家权力的正常节奏，侵犯公民权利。

应急管理是指政府和其他公共机构在突发公共事件的早期预防、事发应对、事中处置和后续管理过程中，通过建立必要的应对机制和若干必要措施，为保障公众生命财产安全，促进社会和谐健康发展的活动。

应急状态与紧急状态是对同一事物的不同描述。对突发公共事件，就应急活动而言，响应期间为应急状态；从事件活动来看，事件发生时处于紧急状态。

（六）常态管理

公共管理包括常态管理和应急管理，但很难对两者做出明确的区分。常态管理中往往隐藏着非传统因素，以及正常应急管理的一般规律。比较两者是为了更清楚地界定突发公共事件应急管理的内涵。应急管理与常态管理的具体区别在于：

从管理主体来看，应急管理的主体多为国家政府组织，而常态管理的主体范围更广，除了政府，还可以是企业、医院、学校以及其他各种形式的组织。

从管理客体来看，应急管理的对象是突发公共事件，即对设施进行针对性强的管理，而常态管理的对象包括人、财、物的各个方面，不具有特定性和针对性。

从管理目标来看，应急管理的目标是消除突发公共事件造成的危机，并尽可能地控制损害和损失。而常态管理的目的往往因组织职能不同而不同，其管理目标也不尽相同，或企业实现经济效益增长，或医院达到医德要求挽救生命和照顾伤员，或学校实现教育质量的提高等。在日常公共管理中，应急管理与常态管理不应教条割裂，应将非常态管理的意识融入日常管理实践中，将应急管理与常态管理相结合，将危机意识贯穿管理始终。表 3–2 中分别列出了应急管理与常态管理的区别。

表3-2　应急管理与常态管理的区别

指标	应急管理	常态管理
管理主体	多为国家政府组织	除了政府，也可以是企业、医院、学校以及其他一切形式的组织
管理客体	专指突发公共事件，针对性强	涉及人、财、物的方方面面，不具有特定性和针对性
管理目标	消除突发公共事件带来的危机，并将危害和损失尽可能控制在最小范围	根据组织职能设置的不同而异，例如企业实现经济效益的增长，医院实现救死扶伤的医德要求；或是学校实现教育质量的提升等

从表 3-2 的比较中可以看出，突发公共事件应急管理作为管理活动的一个分支，具有一般管理活动的共同属性，但也有自身的特殊性质和特点，国家行政部门面临的突发事件可能是无法弥补的损失事件，也可能是只有通过努力减少损害事件的蔓延才能减少或终止的自然灾害。与常态管理活动不同的是，应急管理是指政府等管理主体，根据预先制订的应急行动计划，控制或消除当前的危机局势，将危机造成的损失降到最低，保护人民生命财产安全。一般来说，应急管理应该有两个目标：一是尽快消除危机；二是尽量减少损失，尽量不侵犯或少侵犯群众的利益。因此，应急管理主要涉及减灾、备灾、响应和恢复。

二、应急管理理论

1. PPRR（MPRR）理论

美国联邦紧急事务管理署（the Federal Emergency Management Agency，FEMA）提出预防（prevention）、准备（preparation）、反应（response）、恢复（recovery）理论，即PPRR理论。PPRR理论在应急管理中广泛应用。20 世纪 70 年代，美国州长协会（National Governor Association）按照灾难发生周期，把紧急事务管理的活动、政策和项目划分为四阶段：消除（mitigation）阶段、准备（preparedness）阶段、应对（response）阶段和恢复（recovery）阶段，又称为MPRR模式。PPRR理论是对紧急事态的全面管理，是从无数次灾难中总结出的教训。它从可能造成灾难的风险识别和减除开始，避免地质灾害灾难的后果，减轻不可避免的地质灾害灾难的影响；在应对和恢复过程中为下一次地质灾害紧急事件的发生，做好充分准备。

在PPRR模型（图 3-1）中，2P要比 2R重要，只有做好 2P，就能搞好 2R。如果 2P没有做好，2R作用非常有限；相反，如果做好了 2P，即使 2R没做好，突发的地质灾害事件危险损害是能够保证在控制之下的，这就是以预防为主的道理。

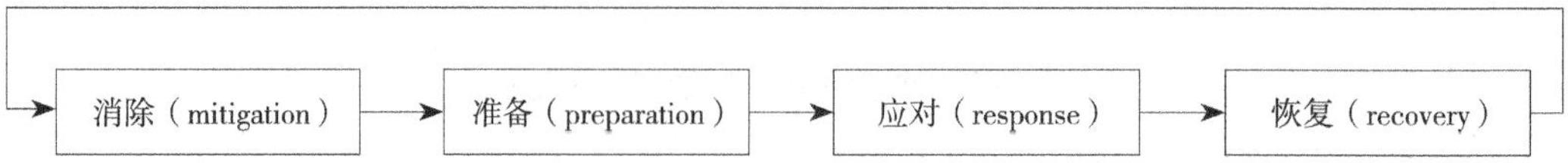

图3-1 PPRR模型

2. 4R理论

美国危机管理专家罗伯特·希斯（Robert Heath）提出的危机管理4R理论，包括缩减力（reduction）、预备力（readliness）、反应力（response）和恢复力（recovery）。危机管理4R理论，如图3-2所示。

有效的危机管理是对4R模式所有方面的整合，其中缩减管理贯穿整个危机管理过程。在预备模式中，运用缩减管理的风险评估法可以确定哪些预警系统可能会失效，就可以及时地予以修正。在反应模式中，缩减管理可帮助管理者识别危机的根源，找到利

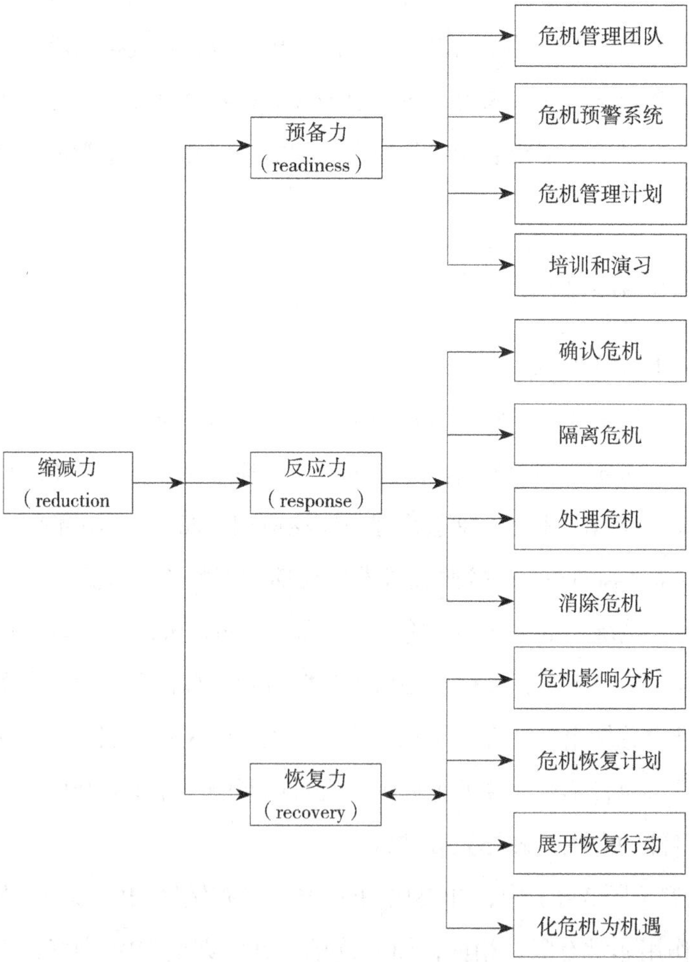

图3-2 罗伯特·希斯4R危机管理内容示意图

于应对危机的方法。在恢复模式中，缩减管理可以对恢复计划在执行中可能产生的风险进行评估，从而恢复工作产生更大的反弹效果。

3. SSCT理论

在“地质灾害危机公关”研究的基础上，库姆斯（Timothy Coombs）等学者总结出了情境式地质灾害危机传播理论，以“地质灾害危机责任”（crisis responsibility）为出发点，组织危机可分为三类，即受害型、事故型和错误型。每一类的特征和内容见表3-3。

表3-3　SSCT中的危机类型

类型	特征	内容
受害型	几乎没有危机责任	自然灾害、谣言、工作场所的暴力冲突
事故型	较小的危机责任	遭到指责或怀疑；由技术原因导致的事故或“问题产品”扩散
错误型	较大的危机责任	由人为原因导致的事故或“问题产品”扩散；管理层的不当处理

4. 五阶段理论

五阶段理论分为地质灾害危机预警阶段、地质灾害识别危机阶段、地质灾害隔离危机阶段、地质灾害管理危机阶段和地质灾害危机后处理阶段。依据各阶段的特征提出相应的策略及措施，准确估计地质灾害危机形势，尽量把地质灾害危机控制在某一特定阶段，以避免进一步恶化。

三、应急管理阶段

在应急管理过程中，秉承的原则是减小损失，充分发挥缩减力作用。各阶段的具体内容主要为：第一阶段是预防，估计和分析可能发生问题的地质灾害预警系统，制订出相应预防措施，提高日常预防工作，早作预防；第二阶段是应急准备，通过地质灾害预警监测、地质灾害风险评估和救灾物资的储备管理等工作的准备中应尽可能地减少损失；第三阶段是应对处置，主要任务是应急管理各种紧急处置工作，通过调查分析找出发生问题的主要原因，能够及时地进行补救；第四阶段是恢复阶段，当危机事件很好控制后，在政府指引下尽快地恢复生产和生活秩序等，由此减轻地质灾害带来的各种损失，且有效评估恢复重建工作的成果，获得较好的成效。

四、应急管理流程

地质灾害应急管理处置和预警工作尤为重要。具备完善的地质灾害预警措施，即使地质灾害危机事件爆发，造成的影响也会降低至最小。在整套应急管理流程中，在领导组织机构统一调度下，实行统筹规划、科学实施，做好相应的应急处置工作。当应急响应结束后，完善相应的恢复工作，分析整套应急处置过程中的组织行为，分析地质灾害危机事件的影响程度，应急管理部门处理地质灾害危机事件的有效性等，最后评估整个决策过程。地质灾害危机事件发生前，地质灾害预警预测和信息发布是应急管理的必要环节；而地质灾害危机事件发生后，指挥中心和资源管理系统是必要的两个应急机制。前者亲临灾害现场，因地制宜地采取相应的措施制订应急行动方案，布置整个应急管理工作；后者提供各种保障支持。本研究将地质灾害应急管理分为四个阶段，即预防行动阶段、灾前准备阶段、灾中响应阶段和灾后处置阶段。在每个阶段要充分地发挥缩减力作用，通过缩减管理评估应急管理工作，在地质灾害应急管理各个领域，如地质灾害预防预警、地质灾害应急管理法律法规建设、地质灾害应急预案编制，地质灾害防灾减灾宣传教育等方面均要采用危机管理理论，以提高地质灾害应急管理水平。

第四章

河北省太行山区地质灾害应急管理的现状与问题

第一节　地质灾害应急管理的现状

一、地质灾害应急管理主体

目前，按照部门的职能和职责确定的“三定方案”是我们国家划分灾害应急管理职能的主要依据。例如，森林火灾的管理由林业部门负责，滑坡、崩塌、泥石流等地质灾害的管理由自然资源部门负责，气象灾害的管理由气象部门负责，地震灾害的管理由地震部门负责等。国务院建立了抗震救灾领导小组、抗旱救灾领导小组等一系列组织机构，目的是加大部门之间在面对突发灾害时沟通协调力度，增强面对具有较大危害程度的自然灾害的应对能力。可以看出，目前我国正在采取“条块结合的自然灾害风险管理模式”，以政府为中心、以职能部门执行具体职责是该模式的核心。各级地方政府是地质灾害应急管理的责任主体。在具体工作时，地方政府通常是把责任分配给各个职能部门。

（一）在地质灾害应急工作方面的职责分工

河北太行山区各应急管理局与自然资源局之间应做到各司其职、稳固配合。各县应急管理局在突发地质灾害应急救援救灾中，负责组织、指挥和协调。各县自然资源局依据防灾减灾规划中的有关要求，开展编制并负责落实地质灾害的防治规划：对地质灾害的调查与评价进行组织、指导、协调和监督，对地质灾害隐患点进行普查、详查、排查；组织、指导有序开展专业监测、群测群防及报警预警等防治工作和工程治理工作；负责承担地质灾害应急救援的技术保障工作，确保各项决策部署落实到位。必要时，各县自然资源局可以提请县应急管理局，以县应急指挥机构名义部署相关地质灾害防治工作。

（二）在地质灾害防治工作方面的职责分工

各县自然资源局组织、协调、监督并指导地质灾害的防治工作，做好组织实施威胁乡村农户或城镇居民安全的灾害点的防治工作。各县交通运输局组织实施公路（乡道和村道除外）沿线地质灾害的防治工作。各县水务局组织实施水利设施、河道及其周边地质灾害的防治工作。属地管理和分级负责是地质灾害管理所采用的主要形式。河北太行山区地质灾害的防治及应急管理的责任主体是河北太行山区各级政府。河北太行山区范围内的5市27县分别制定了《地质灾害防治分级负责制度》，其中明确河北太行山区地质灾害防治由27县人民政府负总体责任。组织成立由各县应急管理局领导、相关部门协同的地质灾害抢险救灾应急指挥部，并在县应急管理局统筹部署下，全面开展地质灾害应急管理的各项工作。县应急管理局根据地质灾害应急处理的情况，完成预警预报工作，在地质灾害发生后，及时调动应急救灾队伍，统筹部署救灾物资、交通运输和其余相关设备。依据实际情况，特殊条件下可在地质灾害防控主要区域采取交通管制措施。各乡（镇）政府是地质灾害防治工作的责任主体，及时开展防灾避灾和抢险救援工作，并结合受灾的实际情况和防治的迫切需要，统筹规划、实施灾区的救灾和恢复建设工作。

二、地质灾害应急管理具体措施

（一）编制规划，拟定十项制度

河北太行山区内各县自然资源局对现有的地质灾害隐患点编写地质灾害防治规划，根据不同灾害种类及危害程度分类开展群测群防、避让搬迁、专业监测和工程治理，并且提出资金预算，为各县政府领导处理地质灾害应急管理，提供重要的参考依据。各县应急管理局结合自身实际情况编制《突发公共事件总体应急预案》《突发公共事件专项应急预案》（其中包括地质灾害应急预案）、《突发事件信息工作规范实施细则》等规范性文件，并对地质灾害应急信息报送制订专项要求。拟定了十项地质灾害防治工作制度，分别是分级负责制度、应急预案制度、监测员管理制度、巡查监测制度、“两卡一书”发放制度、灾（险）情速报制度、汛期值班值守制度、应急演练制度、宣传培训制度及监测经费补助制度。通过收集整理各项资料，以下介绍重要的制度措施：

1. 监测员管理制度

统计受存在地质灾害隐患点影响的村级单位，经群众公开投票的推荐方式，选择群众公认及村委会认可的村民为监测员，统一交由乡镇人民政府根据人村对应、实事求是，健全制度、严格考评，监督约束、激励保障的基本原则展开审核和管理。每1名监测员主要负责对1处地质灾害隐患点进行群测群防和监测预警的工作，落实做到动态监测巡查，随时掌握地质灾害隐患点的发展变化情况，为发生地质灾害做好充分准备。同时，村民委员会与所属乡镇人民政府各选定1名负责人相互挂钩，县级负责人应由县级政府分管领导负责。地质灾害隐患点中由人为活动因素引发的应由其单位或个人安排该点监测员，负责执行防治工作，全面建立群测群防体系。

2. 预警预报制度

河北太行山区内各县自然资源局通过和气象部门签署气象信息服务的协议，建立针对地质灾害的气象预警信息平台。气象部门根据实时监测到的气象情况，联合县自然资源局发布地质灾害预警信息，通知地质灾害应急抢险救灾指挥部、县政府、乡（镇）政府、村民委员会以及覆盖范围内对应的监测员，提醒各相关部门及监测员提前部署应对地质灾害各项防范措施。

3.“两卡一书”发放制度

《地质灾害防灾工作明白卡》《地质灾害避险明白卡》《地质灾害隐患通知书》简称“两卡一书”。河北太行山区内地质灾害隐患点全面执行“两卡一书”的发放制度，对于每处地质灾害隐患点做到一点一卡一书，即《地质灾害防灾工作明白卡》《地质灾害隐患通知书》，其中地质灾害应急管理所属责任单位，相应责任单位和各个地质灾害隐患点的监测员是主要发放对象。对于受地质灾害威胁农户、机关和企事业单位做到一户一卡，旨在人人知灾、识灾的目的。

4. 汛期值班值守制度

河北太行山区内各县自然资源局应在每年 4 月至 11 月执行为期 8 个月的 24 小时汛期值班制度，县自然资源局业务主管部门设立地质灾害应急值班办公室。根据实时气象信息和降雨预警情况、执行对应带班制度。当降水量在每小时 50 mm内，执行单位领导带班制度；当降水量在每小时 50 ~ 100 mm内，执行带班领导值班值守制度；当降水量在每小时 100 mm以上，执行单位主要领导和带班领导值班值守制度，落实各项应急处置工作的要求。核实地质灾害实时状况后，由值班人员登记记录，并向带班领导报告，经核实后逐级上报。

5. 灾（险）情速报制度

1）发生各种类型地质灾害灾（险）情的，由各乡（镇）政府报告县政府，并在 30 分钟内抄送县自然资源局主管部门；发生大型以上地质灾害灾（险）情的，灾害的基本情况和应对措施由县政府在 1 小时 30 分钟内报告市政府，并抄送市级有关部门；发生中型地质灾害灾（险）情的，灾害基本情况和应对措施由县政府在 2 小时内报告市政府，并抄送市级有关部门。

2）发生各种类型地质灾害灾（险）情的，由所在村组、监测员在 20 分钟内报告乡（镇）政府。各乡（镇）政府在 30 分钟内把灾害的基本情况和应对措施报告县政府，抄送县自然资源局主管部门。

地质灾害灾（险）情速报应包括以下内容：发生灾（险）情的具体时间及地点、灾害类型、灾害规模（灾害体的土方量）、灾（险）情影响的人员总数、经济财产损失情况、诱发灾害的因素、存在可能的变化趋势以及采取的临时措施等。若导致人员伤亡，包括受伤、失踪及死亡人数也应报告。

（二）成立应急管理机构，提供组织保障

河北太行山区地质灾害应急管理以预防为主、以人为本、统一领导、属地管理、分级分部门负责为宗旨。各县政府应在每年汛期来临前组织各部门、各乡镇全面进行地质灾害的隐患排查和核查工作。根据地质灾害隐患排查和核查的结果，由各县政府相关部门编制年度地质灾害防治方案和地质灾害应急预案并印发，由各乡（镇）政府编制本乡（镇）地质灾害应急预案。针对每处大、中型地质灾害隐患点编写专项应急预案，根据专项应急预案对满足相应条件的地质灾害隐患点进行演练。为确保发生地质灾害时，相关抢险救灾能够有序展开，河北太行山区各县政府设立了地质灾害应急抢险救灾指挥部，负责指挥和协调应急处置工作。小型地质灾害的抢险救灾工作主要由所在地乡（镇）政府主要负责，并由河北太行山区各县政府组织、协调相关部门展开紧急支援。对于中型及以上地质灾害的抢险救灾工作，在河北太行山区各县政府领导下，各相关部门依照职能开展抢险救灾，依照职责落实到位，加大沟通协作力度，配合受灾所在地乡（镇）政府协同将抢险救灾工作做好。在抢险救灾工作过程中，根据河北太行山区各县政府需要，统筹部署救灾应急资金，投入应急抢险救援、避让搬迁、应急管理、灾后重建等方面。

（三）应急管理经费纳入财政预算盘子

河北太行山区各县政府按照物权和事权结合原则以及当前的财政体制，把年度地质灾害的防治资金纳入财政预算，包括地质灾害群测群防经费、地质灾害防治应急处置经费、监测员补助经费。自然资源部门应当为地质灾害的防治资金开立专户，资金划拨到专户，并且仅将其用于防治地质灾害和应急管理。地质灾害的防治应急经费应按照当年发生地质灾害的数量，拨付到发生地质灾害的乡（镇）政府，确保顺利开展应急管理工作。

第二节　地质灾害应急管理存在的问题

一、专业人才队伍匮乏，科技创新能力弱

（一）地质灾害应急管理人才匮乏

河北太行山区包括张家口市、保定市、石家庄市、邢台市、邯郸市的27县（市、区），自然环境条件较为恶劣，属于河北省较为贫困地区，由此造成工程地质、水文地质、环境地质、应急管理等领域的专业人才短缺。河北太行山区各县尚未建立区内地质

灾害的应急管理团队与应急技术专家库。专家库的建立对地质灾害的应急调查和科学研判等有必不可少的作用。因专家库的空白，导致在地质灾害发生需要进行应急调查时，只能临时聘请地质专家，造成效率低下，甚至可能造成不可挽回的损失。地质灾害的应急管理队伍配置没有引起足够的重视。区内各县自然资源局的工作人员缺少必需的地质灾害知识，一些工作人员没有地质灾害或应急管理等专业知识培训或学习经历，对地质灾害的应急管理内容不了解，缺少通常地质灾害的应急演练，尤其缺乏识别潜在地质灾害的能力。但河北省自然资源厅在地质灾害应急管理过程中的作用机制还是比较模糊，因此，加强危机管理的训练和教育成为政府的危机管理系统中一个重要组成部分。在一定程度上，县级政府的作用还只是在发生地质灾害后具体的处置环节中。当发生地质灾害后，政府相应部门因工作流程过于繁琐复杂，缺少足够应变能力，往往导致发生重大地质灾害时，处理和应对方式不及时。

地质灾害应急救援队伍组建不完善，缺乏专业培训，管理混乱，没有安全保障，事故频发。特别是当突发地质灾害时，以村民委员会为主体，由村干部、民兵和灾害监测员为骨干组成应急抢险队伍，组织力量，号召群众自救互救，是抢险救灾中最基础力量之一，创建基层应急队伍迫在眉睫。

（二）地质灾害应急管理技术手段落后

目前，由于地质灾害的应急管理工作的要求持续提升，经费的投入不满足应急管理工作的需求，致使河北太行山区各级地质灾害的防治单位和相关部门的相应设备和装备存在短板，如应急保障装备、应急监测设备、防护装备等，这种状况尤其在河北太行山区的相关单位表现突出，造成地质灾害的监测预警、应急救援、应急响应、应急处置能力与当地对地质灾害防治需求不匹配。

在河北太行山区深山峡谷或交通通信不便地区发生地质灾害时，如遇道路损毁，没有卫星电话、通信工具及设备、救灾抢修设备，将不能应对及时处理和紧急调查的要求，从而将影响政府在抢险救灾方面的决策，并最终导致人员财产的巨大损失。

二、专业监测预警体系不成熟，监测设备老化

当前，河北太行山区各县与各部门之间信息共享体系有待继续完善，应更加强化网络视频通信及突发地质灾害的远程紧急会议系统的建设。地质环境管理的信息化建设刚开始，不能跟上政府的信息化服务速度，如地理信息系统、遥感卫星通信系统、无人机遥感监测等技术尚未在地质灾害防治中普及，应进一步加强地质灾害预测的精度。

特别是要建立健全重大地质灾害隐患点专业骨干监测网络。

（一）监测预警综合协调机构缺位

河北太行山区在地质灾害的预警管理方面按照各地质灾害种类、分部门、单灾种预警的传统管理模式进行机构设置，没有针对灾害预警专门设立综合协调机构，缺少针对地质灾害的监测预警实施高效、系统性、综合性的管理模式。河北太行山区有关地质灾害防治的专业技术由各市自然资源局负责，涵盖地质灾害的监测与预警工作。应急管理部门，其主要职能是领导并指挥地质灾害的应急救援；此外，虽然自然资源部门系当地地质灾害防治的领导单位，但是在工作合作时，自然资源部门和气象部门、水务部门等是同级单位，只得通过会商的方式进行地质灾害的防治监测预警等工作，没有调度和协调的权利。然而“同级监督”在地质灾害的监测预警中却很难实现，进而致使在预警信息收集、审核、发布、决策、执行及监督时不能统一指挥、协同工作。因此，河北太行山区各市亟须创建地质灾害预警的综合协调机构。

（二）监测预警系统不健全

目前，地质灾害的监测和预报是其预警机制的主要手段。凭借地质灾害监测网络具有的全方位、多灾种、高科技的技术特点，在地质灾害发生的第一时间向当地政府和相关部门发送准确预测和警示信息，协助开展快速、有效的地质灾害应急预案。河北太行山区各市地质灾害的监测系统已基本建立，由于缺少信息技术及预警组织机构，导致监测预警系统依旧存在缺陷。

灾害监测能力偏低。目前，河北太行山区各市的自然灾害预警综合信息系统尚未完全建成。区内各自然资源部作为地质灾害监测的主管部门，负责收集地质灾害数据及监测信息，并与相关部门共同建立了地质灾害信息交流会商平台，但在实际中受到某些因素影响导致信息畅通不佳，协同监测能力较差，不易掌握准确而全面的灾害险情。另外，河北太行山区各市缺乏有效的监测网络支撑，缺少地质灾害的监测设备、监测技术和地质专家队伍，导致地质灾害信息化建设落后，很难做到全面而真实地收集及筛选信息。最后，对地质灾害的监测手段主要依靠群测群防监测员的经验和监测技术的宏观监测，灾害监测方法较单一，未考虑企业、社会团体等在监测时的作用。

预警信息统一发布平台和机制有待健全。①自然灾害综合信息系统没有完全建立，信息收集不够全面，且信息资源共享欠通畅。②人才短缺，缺乏专业队伍建设，缺少灾害评估及技术分析等方面的人才，地质灾害预警和决策方面的技术力量较薄弱。③缺少集中管理地质灾害预警信息的平台，如灾害信息发布，市气象局、地震局、水利局等单位均有自己的信息平台，却没有统一管理信息发布，造成信息发布多方管理，信息内容无法统一协调，甚至重复发布。④“最后一公里”地质灾害预警差强人意，河北太行山区通信基础设施普遍不够发达，预警信息不能及时传递给各乡镇的很多群众。

三、地质灾害宣传教育方式固化，人民群众危机意识不强

河北太行山区是地质灾害易区，但当地群众缺乏足够的危机意识，甚至对防灾减灾的措施置若罔闻，对发布的气象预警、恶劣天气等也不敏感。不能清醒地认识到发生地质灾害可能产生的严重后果，在本质上没有充分认识到地质灾害危害性。在群众走访中发现，群众对地质灾害应急管理及其相关法律法规了解较少。大部分群众认为相关部门开展的地质灾害宣传教育效果一般，这充分说明了河北太行山区地质灾害的宣传教育方式出了问题。

对减灾防灾而言，人的安全意识是最重要的，意识不到位，如果发生地质灾害，特别是在人口聚集区，由于群众防灾救灾意识比较薄弱或基本就没有，就比较容易因恐慌而造成混乱，因而造成巨大的人员伤亡及财产损失。在河北太行山区的农村，群众安全意识淡薄，或许在发生地质灾害之前就已经有了一些征兆，就是因为大家对安全意识重视程度不够，常常忽视这些征兆。致使灾害发生后，由于缺乏应急自救的知识，结果处置不当造成更大的损失。因此，要引起足够重视地质灾害知识宣传及培训普及，深入河北太行山区的农村，并按照当地地质灾害种类和地质灾害特点开展防灾应急演练。

四、地质灾害应急管理制度不完善

（一）应急机制运行缺乏针对性的、系统性的理论指导

河北太行山区各市、县大部分应急管理的流程不完善、部门之间协同很难有效开展。首先，缺少编制应急预案的专业人才，致使预案编制内容规范性差、逻辑结构欠佳，应急预案过于陈旧难以执行，多数是一纸空文。其次，河北太行山区各市、县防汛抗旱指挥部曾发布《防汛抗旱、地质灾害应对工作职责分工和协同工作机制的实施细则（试行）》，但是对于非汛期的地质灾害防范没有明确规定，同时和现有的市地质灾害应急指挥部职能有很大重叠。

（二）地方性地质灾害应急管理法律法规体系不完备

首先，河北太行山区各市、县均未出台有关地质灾害的应急管理方面的地方性法律法规，大部分直接采用国家级或省级法律法规，不贴合实际情况。其次，部分规章制度

没有得到有效执行，只是停留在纸面上。

（三）地质灾害应急处置制度死板

河北太行山区大部分各市、县照搬上级文件，其可执行性较差。首先，地质灾害的应急响应有延误。当地质灾害发生时，通常是当地村干部主动上报，他们缺少专业技术水平，无法较准确地判别地质灾害。区内市、县政府只得派遣专家及工作人员开展地质灾害现场判断，然后汇报政府决定是否启动地质灾害应急预案。其次，地质灾害应急处置过程是“重形式轻行动”。因为干部对责任很敏感，往往现场将群众转移后，都不会轻易处置灾险情，必须向上级请示报告并邀请专家学者进行论证。最终将错过对灾险情最佳的处置时间，增加了经济财产损失。

第三节　地质灾害应急管理存在问题的原因

一、贫困山区人才引不进、留不住

河北太行山区的地形条件复杂，自然环境十分恶劣，耕地资源贫瘠，水资源缺乏，且太行山脉造成了严重的交通阻隔，社会发展与经济条件滞后，是河北省贫困区。河北省太行山区外地人才引不进、本地人才留不住的现象，严重制约着太行山区各县经济的发展。河北太行山区地质灾害应急管理人才存在的问题有：一是应急管理人才不足，区内各县均缺乏应急管理专业、地质工程专业等专业的人才；二是应急管理人才分布不均匀，主要集中在区内各市自然资源局，县及乡镇的地质灾害应急管理人才很少；三是应急管理人才结构欠合理，初级及中级人才多，但高层次人才缺乏；四是地质灾害应急管理人才引进困难且流失严重。

这些问题的产生主要有以下四点：一是当地基础条件差。河北太行山区经济发展缓慢，基础设施薄弱，且工作生活条件比较艰苦，与发达地区相比对人才吸引能力低，还会导致本地人才大量流出。二是人才待遇差。受当地经济条件的限制，人才的工资、住房、医疗等待遇跟不上，致使河北太行山区人才逆向流动的现象较为突出。三是当地政府政策不完善。人才发展在流动引进、教育培养、激励保障、使用管理等方面缺少成熟政策体系，尤其在引进人才的配偶就业、子女入学、住房保障等方面政策配套不完善，不能为引进的人才提供充分、高效、便捷的服务。四是人才自身的制约因素。由于考虑子女未来学习和个人将来发展空间，致使留人难的问题。

二、地质灾害应急管理经费的投入不足

根据河北太行山区近十年的地质灾害专项经费统计发现，地质灾害工程治理和避险搬迁的经费占总投入经费的80%以上，地质灾害应急管理其他方面投入经费相对偏少。由于受到经费限制，对建立健全较完善的地质灾害的监测预警网络是不利的。此外，在地质灾害的调查排查环节投入经费也稍显不足，如在偏远的山区，因为排查经费不足，致使地质灾害的预防工作欠扎实。按照危机管理理论，地质灾害的预防是应急管理的前提。增强地质灾害预防投入，完善建设地质灾害的监测预警网络，建立健全监测网，是有效进行监测预警的基本保障。增强信息化管理的力度，完善信息共享机制是监测预警网络建设中的重要内容。河北太行山区在这方面规划可借鉴国外经验，把资金分配向预防环节倾斜，建立健全监测网络，增强预防投入，要使地质灾害的预防和治理同等重要，为地质灾害预防提供物质保障。

三、地质灾害宣传教育工作不到位

河北省太行山区各级政府使用单一的方法和手段，宣传地质灾害知识，造成群众对地质灾害危害认识不全面，普遍缺少防范的意识。宣传手段还仅仅停留在普及地质灾害知识，宣传范围较窄，不能做到全面覆盖所有群众。宣传培训工作通常布置在地质灾害点集中区和人口密集区，通过派发海报、手册等资料进行宣传普及，使得人们在一定程度上无法全面认识地质灾害的危险性。

此外，宣传教育要想取得实效，最重要的是增强群众的思想认识，培养生命至上安全意识，特别是如果思想警惕性减弱，缺乏防范意识，一旦发生灾害，盲目恐慌或“抢救”钱物，只会延误安全转移时间，还可能引发其他安全事故（像踩踏等），加剧灾害现场的复杂和混乱，将导致更大的损失。所以，开展地质灾害知识宣传教育迫在眉睫，要认真开展宣传工作，深入基层将地质灾害的知识宣传、防治和应急演练落实到每村每户，让宣传知识深入人心。

河北太行山区各级政府在宣传普及地质灾害知识和应急演练方面投入不足。各级地方政府及教育宣传机构没有足够重视普及地质灾害的安全知识。

四、地质灾害应急管理体制未建立

河北太行山区地质灾害的应急管理体制没有建立，导致地质灾害的应急管理制度欠

完善。主要原因如下：①缺乏意识。在平时工作中，缺乏对地质灾害的应急管理认识，没有足够重视构建地质灾害的应急管理制度紧迫性和必要性。②体制混乱。目前应急管理与很多部门有关，存在协调不畅、职责分散、权责不清晰、无统一领导机构等问题，导致在地质灾害应急救援中有效的工作很难展开。③制度不完善。应急管理相关的法规、标准、制度等方面还有不足。一些法规与实际情况不相符，要对规章制度完善。④应急救援资源短缺。缺少应急救援所需要的设备、人员、物资等资源，无法实现应急工作需要。⑤技术落后。应急救援的一些设备和技术手段落后，无法满足实际应急的需要，应对地质灾害的能力不足。

第五章

国内外典型地质灾害应急对策借鉴与启示

中国山区面积大，地质构造复杂，强降水季节性明显，地质灾害具有易发、多发、种类多、分布广的特点，是世界上地质灾害严重的国家之一。众多的人口和快速发展的经济，加重了地质灾害的险情和灾情。据统计，仅 2022 年全国发生地质灾害 5659 起，造成 90 人死亡，16 人失踪，34 人受伤，直接经济损失 15 亿元。

当前，世界上许多国家都在积极推进应急管理体系及能力建设。习近平总书记在主持中央政治局第十九次集体学习时强调，要借鉴国外应急管理有益做法，积极推进我国应急管理体系和能力现代化。

地质灾害严重制约着灾害多发地区的经济发展，威胁着人民的生命财产安全。为预防地质灾害、降低灾害损失，2006 年 1 月 13 日《国家突发地质灾害应急预案》发布以来，我国已经建立起一个以管理主体行政级别为纵轴，以管理职能部门为横轴的多维度地质灾害应急预案体系。围绕中国地质灾害应急响应能力建设，相关学者在有关地质灾害风险评价、预警预报、应急响应技术、响应能力评价、应急体系建设、应急预案编制、地质灾害调查信息管理等方面也做了大量研究。然而，面对地质灾害频发的现状，河北省太行山区地质灾害的防控仍处于应急响应阶段，发达国家或我国某些地区则已从工程防控阶段走向或进入风险管理阶段。为进一步提高河北省太行山区地质灾害的风险管理水平，有必要借鉴国内外的相关经验。目前，对国内外的研究较多地关注地质灾害成因和防治方面，有关灾害风险管理、应急响应规划或行动计划等方面的系统总结和分析有待加强。

第一节　汶川地震引发地质灾害应急管理对策

一、汶川地震概况

2008 年 5 月 12 日 14 时 28 分 4 秒，四川省阿坝藏族羌族自治州汶川县（北纬 31.0°、东经 103.4°）发生 8.0 级特大地震，震源深度 14km，震中烈度高达Ⅸ度，Ⅹ度区面积约 3144km^2，呈北东向狭长条带状展布。沿北东走向的龙门山中央断裂带发生了约 1155 次 2.0 级以上余震，其中 5 级以上余震 27 次。此次地震，造成 69227 人遇难，失踪 17923 人，直接经济损失达 8451 亿元人民币。5・12 汶川地震是新中国成立以来破坏性最强、波及范围最广、灾害损失最严重、救灾难度最困难的一次地震。5・12 汶川地震发生在活跃的龙门山断裂地带。近 300 年来，截至 2013 年，龙门山岷山断裂带共发生 6 级以上地震 23 次，属于地震多发地带。

从地震发生机理看，地球表面由诸多地壳板块构成，地壳板块的移动造成相互之间碰撞挤压，随着时间而积聚能量最终爆发，形成地震。5・12 汶川地震的产生是由印度板块挤压大陆板块，引起了主震。主震发生后，剩余能量沿断裂带释放，导致余震。

5・12 汶川地震造成四川省境内许多山体开裂、松动，导致崩塌和滑坡等群发性地质灾害大面积大范围发生。在很多地方，形成了堰塞湖，造成极大的安全隐患。由于地震、降雨等因素触发了数以万计的地质灾害，造成巨大的经济损失和人员伤亡，是迄今有记录的空间分布最密集、规模最大、危害最严重的地震地质灾害。然而，5・12 汶川地震的应急救援工作以救援速度最快、动员范围最广、投入力量最大，创造了我国自然灾害应急救援工作的新纪录，取得了举世瞩目的成就。

二、应急管理

（一）应急响应

5・12 汶川地震发生后的第一时间，中国地震局快速确定地震参数，按照地震应急预案立即启动 I 级响应，成立了中国地震局汶川特大地震抗震减灾指挥部。震后 1 小时，国务院成立了国务院抗震救灾总指挥部，并设立由中央有关部门、军队、武警部队和地方党委、政府主要负责人参加的抢险救灾组、地震监测组、卫生防疫组、群众生活组、基础设施保障和灾后重建组、生产 恢复组、水利组、社会治安组、宣传组 9 个抗震救灾工作组。同时，中央各部委、地方各级政府按照应急预案成立救灾指挥机构，最大限度地、科学地、有秩序地调动人力资源和物质资源。受灾地区四川省、陕西省和甘肃省各省级指挥部在地震当天成立，各地市级政府成立了各级抗震救灾指挥部，根据地震应急预案建立了全面的组织指挥体系。分工明确、职责清晰的灾后应急救援组织指挥体系在第一时间成立并迅速投入到抗震救灾工作中，使抗震救灾工作得以迅速而又有条不紊地展开。

（二）灾情信息的传送与发布

中国地震局台网中心（CENC）在 5・12 汶川地震发生后迅速确定了地震震中位置和比较准确的震级大小，19 分钟后（14 时 47 分）对 5・12 汶川地震做出了首次的灾情快速分析，并迅速报送国务院抗震救灾指挥部。中国地震局立即组织 780 多名地震现场应急工作队人员迅速赶赴灾区，开展灾情调查和损失评估，编制震区地震烈度分布图，为党中央、国务院以及地方各级政府抗震救灾部署提供依据。同时，迅速向各省政府、相关部门通报灾情，协助省政府指挥和协调抗震救灾工作；召开新闻发布会发布震情灾情信息，开展新闻宣传，平息地震谣传，维护社会稳定。震后不到半小时，电台、电视台、网络等媒体纷纷对5·12汶川地震做了报道，同时四川省电视台24小时不间断地对灾情实施报道。震情和灾情的及时公布安抚了灾民情绪，最大限度地调动了社会救援力量，并首次出现了志愿者救援队伍。

（三）应急响应与救援

灾后社会各界纷纷启动一系列的地震应急预案。5月12日14时38分，中国地震局收到CENC第一条地震速报后，迅速启动一级预案；震后30分钟，国家地震灾害救援队开始动员部署，并在8小时后到达灾区开展救援；国家减灾委员会、民政部启动一级响应，并从中央救灾物资储备库紧急调拨救灾物资支援灾区；总参谋部启动应急预案，派出直升飞机查看灾情，出动兵力参加抗震救灾；财政部启动财政应急保障预案，积极筹措及时拨付救灾资金；中国人民保险集团有限公司、中国人寿保险（集团）公司、中国平安保险（集团）股份有限公司启动大灾理赔应急预案。这些全方位、多层级、多方联动的应急预案体系的启动，形成了抗震救灾的整体合力。温家宝总理在震后两个小时赶往离震中最近的都江堰市，并设立救灾总指挥部亲自指挥抗震救灾。军队的第一支救援队在震后的十几分钟就奔赴灾区。5·12汶川地震救灾中，我国投入救援力量总人数约17万人，其中解放军和武警部队约13.7万人，国内专业救援队96支，国际救援队8支，是我国历次地震巨灾救援之最，也是我国首次接受国际救援队救援。全国专业救援队包括国家地震灾害紧急救援队、23支省级地震灾害紧急救援队、41支矿山和危化救援队以及31支消防队。5·12汶川地震救出人员总数约87000人。

非震区的省、市绝大多数地震部门也启动了地震应急预案不同级别的响应，进行应急联动支援四川灾区，开展宣传报道，稳定民众情绪和社会秩序，动员社会各界积极投入抗震救灾中去。这种全方位、多层级、多方联动的地震应急预案体系的启动，形成了全社会抗震救灾的整体合力，为战胜5·12汶川地震灾害奠定了坚实的基础。

以国务院抗震救灾总指挥部为龙头，各部门参与组成、省市县多级联动的地震应急救援体系发挥了重要的作用。灾情的调查、各种调度和救援命令、各种物资调配决定、各支队伍的分配部署、各阶段任务、重大工程和危险源的处置、灾民的迁移和安置、伤员的转移等等，一系列重大决策均由该体系做出，并从上到下迅速贯彻执行。5·12汶川地震整个应急救援形成了“国务院抗震救灾总指挥部—国家应急办—各个相关部门—省级抗震救灾指挥部—地市县抗震救灾指挥部—各个执行主体”的一整套庞大的指挥和组织体系与前后方联动、部门联动的格局，军队、武警、消防、专业救援队和几乎所有国家部委都参与了其中，这在改革开放以来的自然灾害应急中还是第一次。5·12 汶川地震的抗震救灾取得了重大 胜利，究其原因，除了唐山地震后 30 余年国家政治、经济、科学技术取得了重大进步，与我国已经建立和完善了一整套应对地震灾害的法律法规体系是密不可分的。1981—2010 年间共颁布涉及地震灾害应对管理的法律法规文件 142 部，平均每年颁布 4.7 部。特别是地震应急预案体系的全面建立和不断完善，使震后的应急响应、组织指挥、救援安置等工作得到全面提升，切实起到了减灾实效。

（四）选择临时安置点

按就地重建和尽可能就近择地新建的原则，选择临时安置点。安置点分为县、乡、村、居民点四级，不允许散户到处搭建。避开断裂带位置，同时避开崩塌、滑坡等地质灾害危险区。安置点尽量选择在山区平坝与山前丘陵缓坡，同时加强周边地质灾害排查，排除滑坡、崩塌等重大地质灾害隐患点。

安置点要有安全的水资源保障，尽量使用地下水。如安置点选择靠近河流等地表水的地方，要评估上游可能存在的滑坡引起的堰塞湖风险。

第二节　舟曲泥石流灾害应急管理对策

一、舟曲泥石流灾害概况

自古以来舟曲就具有地质灾害频发易发的特点，高山深谷陡坡是其客观条件，且拥有较为破碎的地表层，主要包括泥岩、砂岩、页岩，因此易发生崩滑流等地质灾害。此地历史上也有过多次泥石流灾害的记录。泥石流是一种受地球外营力作用而对地表发生快速剥蚀的过程，具有连续性、继承性和突发性的特性。在长期灾害作用下，舟曲产生了众多泥石流沟，如罗家峪、锁儿头和三眼峪等，这些地段均是泥石流灾害频发地段。

2010 年 8 月 8 日，在罗家峪和三眼峪发生的特大型泥石流是一场史无前例的灾难。这次灾害影响范围极其广泛，人民的生命财产安全受到巨大威胁，救援难度极高，这次受灾情况的严重程度在全球都是屈指可数的。

位于舟曲县县城北侧的三眼峪，与城关镇三眼村和月圆村相邻，处于白龙江左岸，舟曲大坝也在此地。三眼峪属于典型高山峡谷地带，水流湍急。三眼峪有两条支沟——大眼峪沟与小眼峪沟，呈“Y”字形，两条支沟最终汇合形成三眼峪主沟。三眼峪主沟由北向南、自上而下，沟中水流最终流入贯穿舟曲县的白龙江中。由于三眼峪沟其特殊的地理位置和复杂地质地貌情况，导致其成为一条泥石流灾害频发的泥石流沟道。其沟谷上、中游段呈‘V’形，沟道狭窄且陡峭，谷底宽是 10～20 m；下游沟段呈窄深‘U’形，谷坡陡立，谷底宽是 20～60 m。调查资料显示，从 1823 年至 2010 年的 187 年间，三眼峪沟暴发过泥石流 11 次。在 1978 年至 1994 年间，平均每 4 年暴发一次，共计 5 次。其中有三次泥石流对舟曲县城造成损失，时间分别是 1961 年、1989 年和 1992 年。灾情较为严重的泥石流为 1992 年，其规模为 50 年一遇，造成 1260 万元的经济损失和 87 人的人员伤亡。而最为突出的还是 2010 年 8 月 8 日发生的泥石流，它所带来的危害之大与损失之多在全世界都是无可非议的。

和三眼峪一样，位于舟曲县县城北侧的罗家峪，属于该区内泥石流频发地带。罗家峪处于白龙江北岸中、高山区，是白龙江左岸的一级支流，总体呈“瓢”形。其海拔相对高差较大，由于处于狭窄陡深沟谷地带，地形地貌切割较明显，呈‘V’形。当泥石流成因聚集时，在长期的积累和作用下，罗家峪成了舟曲县主要的高频泥石流沟，并在此次 8·8 泥石流中同三眼峪沟一起成为泥石流的灾害发生带。当泥石流发生时，这种地形条件非但不能阻拦或延缓灾害的发生，反而给泥石流的发生创造条件。由于在长期积累和作用下，罗家峪成为舟曲县高频泥石流沟之一。所以，和三眼峪沟在 8·8 泥石流共同成为泥石流发生带。

2010 年 8·8 泥石流发生于舟曲县城以北的罗家峪和三眼峪。共造成长约 5 km，平均宽度 300 m，平均厚度 5 m，总体积约 $180\times10^4\ m^3$ 的泥石流带。泥石流所经之地被夷为平地，泥石流顺着河道自北向南冲击县城，将河道两岸的房屋全部冲毁，给人民生命财产带来巨大威胁和损失。同时，泥石流阻塞白龙江，形成了堰塞湖。此次灾害致使舟曲县的 2/3 区域没入水中，导致供电中断。同时，通信基站受到严重损毁，部分没有受损的基站靠蓄电池供电。此次灾害也对该地生态环境造成较大的恶性影响。

二、应急管理

（一）应急管理措施

1. 启动应急响应

舟曲县特大型泥石流发生后，甘肃省政府收到相关报告，并于第二日凌晨，立即启动Ⅰ级防汛抗洪应急响应和地质灾害应急救援Ⅱ级响应。省政府成立了负责调配物资、人员并向舟曲援助救助力量的专门领导小组。当地政府成立了指挥救援工作的临时指挥小组。兰州军区第一时间动员部队奔赴舟曲进行抢险救援工作，而公安、武警、医疗、消防等救援队伍也随之到达并展开救援行动。8月8日14时，国家防汛抗旱总指挥部依据《国家防汛抗旱应急预案》，做出防汛Ⅱ级应急响应。中国气象局根据现场报告与实时监测数据，于灾害发生的第二天，开启重大气象保障Ⅱ级应急响应。各级气象部门随之立刻执行Ⅱ级应急响应，这标志着舟曲县全面转入应急响应状态。

2. 人员物资调拨

8月8日，按照国务院的统一部署，交通运输部、公安部、兰州军区等部门接收到灾情报告后立即启动应急响应，动员公安消防、军队、特警和医疗队等支援灾区。

灾害发生后，农业部立即调运各类消毒防护物资运往灾区，包括消毒药物80吨、消毒设备2000台、防护服套20000套。同时，组织动物防疫专家奔赴灾区，进行消毒、处置死亡动物、动物疫病工作，并制订了灾害后动物防治防疫的方案，以防灾害后发生疫情。民政部和国家减灾委员会快速向灾区调运数千个睡袋。国家测绘局为保障抢险救援，组织人手对灾区进行详细的航空摄影并绘制高分辨率航空影像图，以此为应急救援行动提供测绘保障。甘肃省减灾委员会与民政厅则向灾区运送数批水和速食食品，以及1800顶帐篷。

3. 人员撤离、疏散

灾害发生后，政府及相关部门立即组织群众有序撤离。国土资源部门为减少次生灾害的发生，立即组织技术小组对十余处危险点进行排查，同时辅以持续监测和预警手段，制作出紧急撤离路线图并向社会公布。截至8月13日，舟曲县政府已成立七个工作组以确保民众安全撤离至避灾场所。

4. 信息输送和发布

灾害发生后，为防止谣言产生而动摇民心，当地政府于第一时间公布灾情相关信息于官网并不断更新。灾区最新消息在官网发布、公开，确保了信息权威性，再经过网络、媒体的传播，救援队伍和救援物资在很大程度上给灾区人民以支持。

5. 恢复交通

通往舟曲公路被公路交通运输部门全部打通。甘肃省公安厅发布紧急通告灾区道路实施交通管制，中国民用航空局空中交通管理局启动应急机制以确保空中救援路线安全畅通。经过各方有力配合，很大程度上缓解了事态的升级，由于受灾人数的不断增加，各类物资和救援队伍仍然需要源源不断运往灾区。

（二）防治措施

此次舟曲县特大型泥石流发生后，其灾害防治是长期且系统的工作。根据其实际情况，主要从以下四方面进行防治。

1. 进行泥石流灾害调查

要对灾区进行全面清查，确定泥石流多发区和潜在风险地区。相关部门要建立资料并绘制灾害分布图，同时为方便研究和灾后治理，需要对各区域泥石流灾害的成因、规模和危害程度等进行归类建档。

2. 建设防治泥石流工程

在泥石流源头和形成区修建栏、挡坝。可依据实际情况，在泥石流的流经区段修建多层挡坝，对泥流进行拦截，降低泥石流强度，从而达到防治目的。

利用修建的栏、挡坝工程，达到降低泥流速度及流量的目的，并且可以在关键地形处修建排导渠达到引流的效果，使其流入河道。排导渠的修筑应该利用合适的地形，除了排导作用，还得保证泥流的通过量，以防阻塞。

3. 植树造林，恢复生态系统

防范泥石流灾害比较重要的举措就是植树种草。通过实地调查，舟曲县周边山区的林地乱砍滥伐现象较为普遍，因此造成山区植被覆盖率急速下降，山坡严重裸露，这是造成泥石流灾害的原因之一。提高植被覆盖率，不仅可以减少水土流失现象，也可以对山体表面裸露的泥土起到加固作用。如果栽种合适的经济林种，可以起到防治、改善环境和发展经济的效果。

4. 建立监测预警系统

开展上述工作的同时，更要注重灾害监测预警的管理机制。除了要对泥石流灾害易发区和多发区进行重点关注，实现尽可能高的动态监测，还要加强对于气象变化方面的研究与预警。

5. 建立应急救援保障体系

舟曲县要建立县级应急救援保障队伍，配备必需的设备，储备充足的应急物资，并制订县、乡级应急预案，如果发生灾害，可以立刻投入抢险救灾的行动中。此体系可不仅只应对泥石流灾害，也可以应对其他灾害。

三、可借鉴经验

从四川省、甘肃省两省遇到重大灾情时，政府所做出的应急管理措施中，可以获知：应急预案、媒体的实况报道、专业技术力量以及物资的及时供应等，对政府的应急管理是很重要的。从以上两地政府地质灾害应急管理获得以下经验借鉴：

1）提前做好防灾应急预案，如若灾害发生，立即启动预案及应急响应，成立相关组织机构，以确保发生灾害时，有组织、有领导地开展救灾工作。

2）注重信息公开，向社会报道的灾情要实时、真实，以防谣言四起，给人民群众带来不必要的恐慌，从而树立政府威信。

3）建立专业化人才队伍，用以确保应急管理队伍技术力量水平，以提高政府应急管理效率的目的。

4）做好物资储备，提前做好物资储备计划，保证灾害发生时能够随时调配充足的物资，以确保应急管理工作顺利开展。同时，还要做好人员撤离安置，防止出现因缺衣少食而发生恐慌。

第三节　贵州省纳雍山体崩塌灾害应急管理对策

一、贵州省纳雍山体崩塌灾害概况

2004年12月3日3时40分，贵州省纳雍县中岭镇左家营村岩角组发生大面积山体崩塌，19户、88人受灾，死亡39人，5人下落不明。经自然资源部和贵州省有关专家现场踏勘测定和分析，认定这是一起因自然因素造成的特别重大地质灾害。在党中央、国务院的高度重视及国家有关部门的大力支持和指导下，在贵州省委、省政府的领导下，经过事发地各级党委、政府和省有关部门组成的抢险救灾现场指挥部连续7日的奋战，灾害及时得到了有效处置。

二、应急管理措施

根据党中央、国务院对抢险救灾工作重要批示和要求，自然资源部领导率领有关专家、民政部有关负责人以及正在贵州省检查工作的国家安全生产监督管理局负责人赶赴现场指导救灾工作。贵州省委、省政府高度重视，对落实中央领导同志的批示精神，做好抢险搜救工作及时作出了部署，前往现场指挥抢险搜救工作。同时，省军区、省武警总队、省总工会等单位负责人先后率员赶赴现场参与抢险搜救工作。

灾情发生后，毕节地区、纳雍县委、县政府主要负责人当即率有关部门负责人赶赴现场，成立了抢险搜救指挥部。指挥部下设抢险救灾、思想工作、善后工作协调、维护稳定、现场秩序维护、医疗救护、专家联络、灾民安置、后勤保障、宣传报道10个工作组，组织开展抢险搜救工作。

（一）组织人力物力，全力搜救失踪人员

在专家组的指导下，现场搜救指挥部组织公安干警、武警官兵、民兵预备役人员、矿山救护队350余人连续奋战7个昼夜，并调集了5台挖掘机及相关搜救设备器材投入抢险搜救，组织力量维护现场秩序和交通，使抢险搜救工作紧张有序、不间断地推进。

（二）确保施救现场的安全，防止搜救中发生事故

根据专家组制订的施救方案，划定危险区域，设立监测点和警示标志加强监测，安排夜间现场监控巡逻人员看护现场，保证了施救安全。

（三）精心医治伤员

将13名受伤群众转入医院治疗，并专门安排医护人员进行精心医护。

（四）采取各种方式，及时做好灾民转移安置

在第一时间内设置临时安置点3处，搭建帐篷153顶，转移安置直接受灾及涉灾群众，入住98户、346人，其余以投亲靠友的方式进行初步安置；在第一时间内向受灾群众发放粮食2620千克、衣物1919件、煤150吨、救济款18105元。保证受灾群众有住、有吃，人心稳定。

（五）妥善处理善后事宜

在全面排查核对，摸清了死亡和失踪人员及其家庭有关情况的基础上，对39名遇难者，按每名死者按照8000元的标准发放安埋补助费，对停止搜救未找到的5名失踪人员，适当提高补助标准；受伤住院人员每人每天补助15元生活费，共计发放补助费38.7万元。安排专人精心照顾遇难者家属，防止意外发生；组织50余名干部，动员各种力量，向受灾群众开展各种形式的思想工作，稳定灾民情绪；在村民委员会设置接待室，认真听取群众意见，解决他们的实际困难，增强他们战胜灾情、战胜灾害、搞好灾后重建的信心。

（六）及时发布有关信息，做好宣传报道

现场指挥部宣传报道组及时召开抢险救灾情况通报会，新华社、中央电视台、贵州电视台、贵州人民广播电台、贵州日报等多家新闻媒体记者进行了实地采访，由贵州省委宣传部把关，对抢险救灾情况进行客观公正的报道。

（七）落实后续处置措施，防止次生、衍生事故发生

为防范现场可能再次发生灾害，贵州省自然资源厅根据自然资源部、民政部领导、

专家和省领导的要求，及时制订并发布了《纳雍县中岭镇左家营村岩角-箐角岩体崩塌防灾预案》和《贵州省纳雍县中岭镇左家营村岩角-箐角岩体崩塌危岩体应急治理方案》。与此同时，为举一反三做好全省地质灾害防治工作，贵州省政府责成省自然资源厅着手制订对全省地质灾害进行调查的实施方案。

三、主要经验

（一）信息畅通

发生灾害后，灾害信息由地方政府报送到中央，中央、地方等领导批示传达，快捷高效、渠道畅通。由政府值班系统，把救灾过程和进展等有关信息每日汇报给有关领导，从而确保领导能做出有效的处置决策，并组织和指挥救援行动。

（二）应对迅速

灾害发生后，从当地党委、政府到省委、省政府，再到党中央、国务院，应急反应十分迅速，各环节都作出了有效的反应。

（三）处置及时

灾害发生后，党中央、国务院等领导及时作出批示，国家有关部门、省政府主要领导、当地党委政府主要负责人，以及省有关部门人员，都以最快的速度赶到现场，组织指挥或参与抢险搜救工作。

（四）处理有序

此次灾害受灾遇难和需要安置转移人数众多，抢险、转移、安置、善后、后勤、新闻等各方面工作都较为复杂。抢险救灾指挥部成立 10 个工作组进行相关工作，以保证各项工作有条不紊地开展，并获得了较好效果。

第四节　美国地质灾害应急管理对策

美国国土面积，幅员辽阔，自然环境条件复杂，使美国成为地质灾害多发国家。因此，美国政府高度重视地质灾害的监测、预警、防控和应急管理。

美国是联邦制国家，其地方政府有更大的话语权和自主权。作为发达国家，美国的应急管理起步较早且发展迅速。国家创建应急管理系统时，看重政府和非政府组织行为应急管理的规范性，注重各个主体在应急管理工作过程中的协调关系。以政府统一指挥为主，协调各类型应急资源的运输、分配等行动，从而有效且科学地减少受灾区的损失。

美国在开展应急管理时有四类主体：联邦政府、地方政府、企业组织和个人。非政府组织的加入获得了政府部门高度重视，和政府资源具有相同地位。

现在美国对于应急处置的基本原则之一是属地化管理，分级响应。美国的联邦制度致使各州之间没有上、下级附属联系。地方政府只分两级：镇政府和市政府。而美国地方政府所持有的特定权限内，可对自己所开展的应急处理具有决定权。地方政府在应急管理中，处于最前沿且起到最重要的作用。目前，美国应急管理机构还在继续健全与完善，不论是非政府与政府之间，还是地方政府和中央政府之间会有更多的交流和配合。

一、建立多方参与的应急管理运作机制

一旦发生紧急情况，一般是以分级响应和属地管理的原则为依据，级别不同的政府部门管理职责各不相同。美国属于分权制，在发生自然灾害时地方政府以自救为主，如果地方政府资源不够或能力不足可向联邦政府提出申请，联邦政府就会介入当地救援工作并施以援助。例如，当地方政府向联邦政府提交申请后，部队资源就会加入援助工作中，国土安全部是总管机构，全面负责各项救援工作。同时，在灾害救援期间，将建立救援中心和流动危机应对中心，以便收集信息以及参与救助。分级响应要综合考虑灾害规模、灾害强度、公众对灾害基本情况的关注度。

在立法方面，美国的应急响应预案设计模式是各国都认可的，该模式既经过了多次实践，又具有完整法律体系的支撑。1990 年后，美国政府不断修改完善应急预案，发布了《国家响应框架》和应急操作文件，对各级政府在应急管理中履行自身职责过程予以规范。该应急响应预案设计模式中既包含政府部门，也包含非政府组织，两者协同合作，形成联动效应，能够更好处理应急事件。

美国突发危机事件中有关地质灾害的数量较多，而滑坡、沙尘暴、火山爆发、地震等灾害数量更为突出，虽然地质灾害多发，但美国政府凭借应急管理体制可尽可能控制损失，各方面能够较快恢复。美国政府创建的综合指挥控制系统依照自上而下的结构把中央、地方等资源吸入其中，还包括消防资源、军队资源、民间组织、个人、医疗资源和警察队伍等。

美国各级政府都有各自的救援队，是救援的主要力量，各救援队有若干小组，各小组之间相互联系、配合，共同完成应急救助的工作。

二、重视运用高效的信息系统

美国地质灾害应急信息管理系统采用了多种高新技术，把各种内容都加入进此管理系统中，如NEMIS、CAMEO和FEMIS等。全部信息均由国土安全运行中心搜集并整理分析。该中心将实时更新信息，且把实时信息与其他部门共享，美国各级政府均可基于此系统进行信息共享和交换数据。在出现紧急情况或突发事件时，就可立即将情报传输给其他部门或机构。此外，对媒体和其他社会组织公布紧急情况信息的事宜有详细和有针对性的要求。

美国政府设立了联合信息中心（JIC），进而把突发事件相关信息均及时、有效地整合在一起，以便能够更好地对突发事件开展应对处置。在应急演练方面，美国对于各级政府制订了相应的计划，并对这些计划实施制订了相应的评估体系和评估标准。各级政府开展应急演练主要目的是保证突发事件带给国家安全威胁前，发挥各方力量，汇集各方智慧，提出有效解决方案。在应急演练的基础上，还可以建立不同组织之间有序互动的流程制度。

三、重视地质灾害防灾减灾手段的提高

1950 年之前，很多国家对于地质灾害防治知识还不够了解。美国采取的主要措施是灾害预警、援助和减灾工程，虽然起到了较大的积极作用，可是减灾防灾能力并没有显著增强，还陷入了“灾害—救援重建—工程防治—灾害”的循环。从 1950 年之后，美国开始利用新的方法用作防灾减灾的手段，如土地利用政策、城市规划等。总体防治模式由“工程硬措施”转变为“规划软措施”。实践证明这种转变对于防灾减灾的效果极为显著，这也是国际防灾减灾未来发展趋势。

四、美国地质灾害防治管理模式

1979 年，美国成立了联邦紧急事务管理署（FEMA），制订了一套和本国实际情况密切相关的救济制度。美国地质灾害应急管理所采用的模式为联邦政府组织并协调和属地化管理。此管理模式是联邦政府、州和社区三级责任制。联邦政府负责灾害管理政策的制订，积极支持州政府在灾害管理能力方面的建设，并在灾害应急与灾后重建阶段提供帮助，对特殊情况提供预警和监控服务。具有统一化管理，属地化为主的特点。统一化管理指各类突发事件均由各级政府的应急管理部门统一调度指挥，并负责平时应急的

相关工作，如风险评估、演习、技术保障等。属地化为主指灾害地所在政府负责一般灾害应急管理的任务，联邦政府机构提供指导协助，只有所在地政府无能力控制的重大灾害，美国联邦政府才会介入救援行动。

部门联动方面，美国联邦政府重视社会力量和专业部门的联合参与。1980 年，美国政府联合美国规划协会与地质调查局编写了《土地利用规划用于滑坡防治指南》，对实施规划措施发挥了重要作用。

五、州政府加强与国家地质调查局合作

许多国家在气象行业使用先进的科技与设备，所以提升防灾减灾能力的重要措施是国际国内技术的相互合作与共享。美国地质调查局（USGS）在华盛顿州设立了监测站，用于地质灾害发育情况的实时监测，并将监测数据传输至地质调查局的数据接收处理中心，而部分数据通过加工整理后交予相关部门并作为决策依据，还有一些监测数据实时发布于该中心的官网，与有关部门共享，从而对将要发生的灾害开展预警。以上信息对华盛顿州的地质灾害防治与处理起到了支撑性与引领性作用。趁此时机，华盛顿州政府和美国地质调查局的合作更加紧密，让州政府有足够时间提前完成地质灾害预防，组织人员搬迁。

第五节　日本地质灾害应急管理对策

日本是太平洋上处于环太平洋火山地震带的岛国。受各类自然条件的共同作用，使日本成为地震、海啸、泥石流等多种自然灾害易发且频发的国家。全球约 7.1%活火山分布于日本，比较有名的就是富士山，火山活动经常性爆发。世界里氏 6 级及以上的地震中有 18.5%发生于日本，有感地震更是每年超过千次。如今日本各类灾害，如极值降雨、暴风雪、台风强度增加等，皆是因为全球变暖和气候变化导致的。与此同时，日本沿海低地正遭受两极冰山融化而致使海平面上升的威胁，这也导致日本成为世界上因地质灾害伤亡人数最多的国家。频繁的自然灾害给日本每年造成了极大生命财产损失。

因此，日本在救灾方面积累了大量经验，通过明确政府责任和社会责任，逐步建立一套完整的灾害治理体系。同时，政府与社会各界力量，能通过各种办法向民众普及防灾知识，从而增加他们的灾害应急能力和加强危机意识，应对突发的自然灾害。

一、应急管理基本情况

（一）应急管理体系

1. 防灾计划

日本制定的《灾害对策基本法》要求建立综合型灾害预防体制，规定各级行政机关制订和执行防灾计划，并明确责任主体的角色和权限，居民也被鼓励主动参与防灾计划的工作。日本的防灾计划体系由多个层级组成，包括中央防灾会议制订的防灾基本计划、指定行政机关制订的防灾业务计划、公共机关制订的防灾业务计划、都道府县防灾会议和协议会制订的都道府县地域防灾计划以及都道府县间协议防灾计划、市町村防灾会议和协议会制订的市町村地域防灾计划以及市町村间协议防灾计划。该计划涵盖了内阁府、各中央部委、各省级行政单位及各市镇村等地方行政单位，形成了一套“自上而下，层层负责”的防灾计划体系。

2. 灾害预防

灾害预防措施有改善防灾机构、推行防灾教育、加强防灾训练、储备防灾物资和设备、制订相互援助措施、与物资提供企业达成合作方式、建立紧急避难场所、编制救援人员名单。

3. 灾害应急对策，情报收集和汇总

日本率先建立了完整的应急信息化的基础设施。在长期应急实践中，日本积累了利用现代信息技术实现高效应急管理经验。经过运用各种先进的信息通信技术，建立起了严密、高效、适合日本国情的应急管理信息化体系。当灾害发生以后，日本中央政府和各地方政府、新闻媒体、情报机构等相关机构立即收集、汇总灾情，全面掌握灾情，并将相关灾情信息及时传输给各行政机构，同时警告民众，第一时间公布受灾人数和受灾情况。各地行政机构一定向民众发布避难指示，通信设备可优先使用。日本建立了相对完善的防灾预警和预报机制，可在有重大灾害发生时，立即发布预报及警报，及时制订政府、企业、社会团体、志愿者及受灾民众等联合行动的防灾及救灾应急机制，尽量减少灾害所造成的损失。依照《灾害对策基本法》相关条规，发生灾害后，国家成立中央灾害对策本部，内阁防灾大臣担任部长；各地区成立地区灾害对策本部，启动全国应急指挥系统。救援队伍方面，包括自卫队、日本各都道府县警察总部派出紧急救援队、各市町村派出消防总部和消防团、灾害紧急消防救援队等。而志愿者团队需要等候各地行政机构的通知，才可进入需要救援的地区。日本拥有数量众多的应急设备，且大部分公共场所设有避难场地，如体育馆、市民会馆、学校、公园等。同时，在街道旁设置大量统一且显眼的“避难场所”标志，以便引导公众快速、准确地抵达避难场地。当地震发生以后，短时间避难，建议受灾民众前往附近公园。若长期避难，就前往暖和的地方，例如附近的学校、体育馆或市民会馆。受灾群众务必考虑分散安置，因为人数过分集中将降低局部环境质量，容易导致传染病。日本拥有完善的定期轮换制度和应急物资储备，各级政府与地方公共团体预设救灾物资储备地点，用以确保受灾民众灾后生活。与此同时，日本研发几百种防灾减灾用品，这些物品为避难者提供了帮助。

4. 灾后恢复重建对策和规划

日本拥有一套较为全面的关于灾后恢复重建的法律法规体系，能提供较好的法律保障，确保灾后工作顺利有序地进行。《灾害对策基本法》规定各级政府务必制订灾后受灾地区的重建规划，统筹全局，积极推进受灾地区重建科学规划。每年日本政府拨出大批财政预算开展灾后恢复重建。《灾害对策基本法》明确规定中央政府和地方政府有支付灾后恢复重建经费的义务，也规定与灾后恢复重建相关的财政与金融支持政策。开展灾后恢复重建工作，第一要对灾后恢复重建区进行风险评估，仔细查验各个环节，总结经验和提高薄弱环节，从而创建一个全面而详细的灾后重建能力风险评价体系。如今，全球应对灾后重建，大多国家采用推倒重建或在他处新建的方式，但此种方法只对基础设施方面适用，而不适用于生态环境重建。日本自从经历“东京日本大地震”和“阪神大地震”之后，采用的是农林水产省、环境省等多政府部门共同推行的“环境恢复之路”环境重建措施。此措施恢复的不只是基础设施，也包括人文和自然的人类赖以生存的大环境，体现出人类与自然和谐共处的最大诉求。

（二）建立市长带头的政府主导应急管理机制

1990 年前后，日本已经建立应急管理体系，各级政府遵守分级管理原则，按照危机所属类别和等级确定责任部门，首相担任总指挥，内阁大臣担任协调，各部门相互配合。另外，街道、企业等组织都要作足准备。日本应急管理协会等风险预测机构专门负责开展专业的预测工作，虽然体系庞大，但管理有条不紊。实践表明，在发生灾害时，日本可迅速作出反应和应对，主要原因是各常设机构之间协调运作，保证应急管理具有高效性和统一性。

灾害治理期间，日本政府重视多主体共同参与的模式，防灾组织包含行政机关、公共机关、经济产业局、粮食事务所、银行、中小企业厅等，联合政府部门、私人机构、防灾研究人员、个人，重视调动所有资源。甚至有些民众把家庭为单位成为志愿者参与救援行动中来。这既培养了公民的危机意识和合作意识，又减少了政府的一部分应急管理成本，形成了全民共治的防灾体系。

除此之外，日本在应急管理体制中设置了“危机管理总监”的职位，该职位主要职能是监督。此外，也可联合不同部门力量，把不同部门的资源都尽量整合起来，可获得较好应急管理效果。日本利用各种新技术于应急管理中，通过创建自然灾害信息的共享信息平台，使政府各部门均能共享信息，及时处置灾害。日本还成立了具有搜集、整理、分类等相关信息的综合防灾部，进而有效解决各部门之间信息不互通的问题。

（三）重视地方政府应急管理体系的法治建设

日本十分重视地质灾害防灾减灾立法，以《灾害对策基本法》为基础，制订出台了一个较为完善的地质灾害应急管理法制体系，如《滑坡防治法》《土砂灾害防治法》《治山治水紧急措施法》《陡坡崩塌防治法》《受灾者生活重建援助法》《灾害救助法》等。政府制定或修订法律几乎涉及所有的重大灾害，这些法律覆盖了灾害管理准备阶段、预防减轻阶段、反应阶段和恢复阶段，最终形成一套较为完善的灾害管理的法律制度，给地质灾害的应急管理提供法律保障及依据。

（四）特别注重非政府组织的参与

由于日本所处的地理位置，日本是灾害频发的国家，在不断地吸取教训、总结经验。目前，日本已经形成了相对成熟且有效的救灾体系，民众也具有较强危机意识，能够有序开展救灾工作。日本地方政府和民众做好应急准备，包括公园、学校及体育馆等避难场所多，而且救灾物资储备已经变为常态，部分居民经过专门训练以备将来发生灾害时能够作为组织指挥，使百姓能够在指导下前往避难所获得临时庇护。通信、交通、水电气等部门各自创建的救灾体系较完善，灾害发生前，基础部门有序运转，自觉参与灾害救援，服从统一指挥，确保应急管理工作有效开展。

不难看出，日本政府比较重视加强公民的灾难意识。为了顺利开展防灾保障工作，日本设立多项专项基金。同时，日本大力投入应急知识出版物，无论小学、中学还是大学，都开设普及防灾知识与应急知识的专门课程。日本居民从小就接触急救知识和逃生本领。为加强对公众教育和培训，防灾知识常常通过各类媒体对外传播，因此提升了居民的社会责任意识，应对自然灾害能力增强。日本的普通市民通过展览等方式加以了解防灾救灾知识，各种模拟灾害场景，掌握自救方法。

最重要的是日本地方政府高度重视全民防灾救灾知识的普及，为此定期组织演习训练，使民众可以在灾害发生时不会乱作一团，以充足准备参加灾害应急管理的工作中，将损失降至最低。

（五）地质灾害应急管理保障体系

日本灾害响应效率极高，这得益于其气象厅在通信保障和灾害预警方面常常采用最新技术。除此之外，灾害管理机构、广播媒体、铁路公司等相关单位都与日本气象厅建立信息快速共享的机制与响应机制。

二、启示与借鉴

（一）健全防灾与应急管理组织体系

当前，我国已经建立以县级以上各级政府到国务院为主体的应对突发事件的行政领导机关。突发事件的应急管理工作最高领导机关是国务院，国务院办公厅下设国务院应急管理办公室，主要承担国务院应急管理的日常工作和国务院总值班工作，履行值守应急、信息汇总和综合协调职责。同时，为应对突发公共事件，设立自然灾害管理机构、事故灾难管理机构及公共卫生事件管理机构。各级地方政府是突发公共事件应急管理工作的行政领导机构，负责应对本行政区域内的各类突发事件。

我国虽然基本构建了比较完善的防灾和应急管理体系，但在实际情况下，它的运作仍有不少问题。

由此，有必要建立和完善适合中国国情与实际的、多方参与的、应急联动高效的防灾和应急管理体系。

（二）完善防灾与应急管理法律法规体系

突发灾害法律法规体系在防灾和应急管理体系中起规范性和基础性作用。要做到防止突发灾害致使社会秩序发生失控的局面，就要通过完善突发灾害法律法规体系，从而调整在紧急状态时各种社会关系。当前，我国已经实施了一系列法律法规来应对突发事件，并按其内容与性质可分为基本法律和事故灾难类、自然灾害类、公共卫生事件类及社会安全事件类五种类型法律，共 50 部法律。2007 年，我国制定了《突发事件应对法》，被看作是各类突发事件的预防及应急管理工作的“根本大法”，类似于日本所颁布的《灾害对策基本法》。而此法的局限性在于无具体规定并明确各类法律如何制定实施，并且其他现存法律具有很强独立性，彼此之间没有密切联系，从而使政府对可能出现的各突发事件缺少整体考虑。所以，提高我国政府应急管理能力需要完善我国防灾和应急管理方面的法律法规体系。

（三）加强防灾与应急管理教育

当有突发性社会事件或是自然灾害发生时，政府所采取的应急救援措施必须要得到群众的配合，才能对次生灾害进行有效的控制。要获得群众配合，需要民众具备较强危机意识，从而在灾难发生时听从政府的统一指挥。由于多种原因，我国的防灾和应急管理教育还不够普及，民众灾害意识及防灾能力薄弱。因此，我们借鉴日本防灾救灾的经验，增强群众防灾意识。实现防灾和应急管理教育日常化、常规化和经常化，把防灾和应急管理教育放入学校的教育体系中，让防灾和应急管理教育变成群众生活的必要部分。增加群众防灾和应急管理教育资金投入和支持力度，让群众知道灾害，增强群众危机意识，以平常之心应对突发灾害。

为确保社会稳步发展，中国应在各级政府管理工作中纳入防灾和应急管理方面的教育体系，并建立相关法律和制度，用以保证社会将长期稳定发展。

第六章

提高河北省太行山区地质灾害应急管理能力的对策

目前，随着经济水平的不断提升和人民群众对物质文化需要的不断增长，人们对社会环境安全的需求也在增加。然而，在这个过程中，我们也面临一些困难，比如人口基数较大、自然资源总量有限等。

在改革开放起步阶段存在不够重视社会环境安全问题的情况，进而导致有的地方生态环境相对脆弱，地质灾害经常发生。社会转型与政府职能转换的过程中，难免出现一些情况，如政府缺位、不到位和错位等。因此，现实情况对河北省太行山区各级政府应对地质灾害的应急管理有更高的要求。在这种背景下，发生地质灾害会对当地经济有比较显著的影响。从我国社会主义建设历程和国外先进经验可发现，经济快速发展可明显提高基础设施的整体水平，为全面提高社会的抗灾救灾能力有雄厚的资金支持。另外，地质灾害应急管理水平也会影响当地经济的发展，不当或不正确的灾害处理方法可能会导致经济衰退，为减少灾害可能带来的各种损失，尽最大可能减少发生地质灾害对经济发展的影响，不断提升河北省太行山区各级政府应急管理能力的可行之道。

从公共管理学发展历程可以看出，地质灾害应急管理是由预警预测监督地质灾害危机、加强防范、如地质灾害发生时能快速反应并处理以避免或减轻地质灾害所造成的各种损失、地质灾害发生后总结经验不断完善地质灾害应急管理制度的一个过程。在河北省太行山区，受到多种因素的共同影响，地质灾害发生时造成的灾害表现出复杂性和多样性，治理更加困难。因此，需要加强防范措施，提高群众的防灾减灾意识，加强生态环境的保护和监督管理，以减少灾害的发生和损失。

以河北太行山区地质灾害为例，地质灾害应急管理呈现出综合发展趋势，从单一灾种应对到多灾种应对，从单一的县级政府的应急管理转变为以县级政府作为主导，社会公众和其他组织的应急救援的管理；从单纯的灾后救援重建转变为预防、处置及恢复综合性的管理，人是应急管理的后驱力，地质灾害应急救援队伍建设质量要求越来越高。因此，在河北太行山区各级政府构建地质灾害应急管理制度时，一方面运用危机管理的理论，学习国际先进的地质灾害应急管理理念，另一方面要依托河北太行山区的实际情况，分析具体问题，有效防控治理危机情况，把地质灾害造成的损失降至最低。

第一节　加强人才队伍建设，依靠科技创新与进步提高应急管理能力

一、加强地质灾害防治专业人才队伍建设

地质灾害防治领域的专业人员作为创新第一资源，是宝贵的财富，也是推动地质灾害防治事业发展的关键所在。近些年来，河北太行山区各自然资源局守正创新，加大创新人才引进，优化人才队伍结构，全面加强对人才队伍的建设。河北太行山区地质灾害防治专业队伍展现了更加全面、专业化的新气象，为加速建设美丽的河北太行山区及生态文明强区有强有力的支撑人才。

（一）招贤纳士壮大队伍

要建设一支人才队伍，首先要解决主要需求。通过固定编制、设立机构等优惠措施吸引优秀人才，扩大应急管理队伍。还可加强同对口类院校的联系，定点培养专业人才，甚至根据河北太行山区地质灾害防治具体情况，与相关地质类院校签订培训协议，采用订单方式定向培养地质灾害技术型人才，且签订相关就业协议书，还要委托地质院校招收地质类专业的大学生，多方面吸纳地质类专业人才，填补用人缺口，增加用人需求。从河北太行山区各县自然资源局人员结构及干部队伍实际情况出发，结合实施“调查、监测及科研共同发展”战略的具体情况，优先选聘内部青年技术骨干担任领导职务。同时，还需要引进高层次管理人才、对口专业人才等，使人才队伍结构更加合理化。

（二）创新人才奖励机制

人才奖励机制包括荣誉性激励、职业发展性激励和福利性激励等等。荣誉激励可以进行优秀典型的塑造，并进行公开表彰；职业发展性激励主要是学习深造激励、晋升激励等。福利性激励措施可从事业编制、子女升学帮助、家属就业协调、住房问题协调等方面，帮助专业技术人才解除后顾之忧。

（三）创新培训模式，不断提高人才队伍素质

加强职工的培训工作，多进行岗内培训，及时培训和学习业务知识、新技术和新设备的使用，与高校和其他科研单位建立长期合作的关系，通过高校对单位紧缺专业人才和青年职工进行技术技能的培训，挑选优秀技术人才到省地质灾害应急技术指导中心参与技术工作，以及为指导中心人才需求提供保障。鼓励在职员工提升学历，进行在职的继续教育，使员工的能力得到显著提升。

机制活跃，则人才兴事业旺。近些年来，河北太行山区各自然资源局逐步完善机制，加强组织领导，开展落实干部的教育培训工作。河北太行山区各自然资源局以实施干部教育培训规划及落实全国、全省自然资源工作会议要求为抓手，重点关注河北太行山区地质灾害防治系统干部成长需求，强调地质灾害“两统一”职责，狠抓薄弱环节补短板，按照“对症下药、量体裁衣”的原则，根据不同层次、不同岗位的要求，提供差异化的“营养套餐”；围绕地质灾害治理体系和治理能力现代化的目标要求，全面拓宽培训纵向横向服务的渠道，将培训工作深度融入地质灾害事业，强调教育培训的政治性、专业性、精准性、全面性，做好全员教育培训。同时，创新培训方式方法，借鉴先进教学方法和工具，改进传统讲授式教学，创新提供“线上 + 线下”的教育培训一体化发展模式，探索运用“行动学 +”“专题授课 + 现场教学”等教学方式。河北太行山区各自然资源局充分利用互联网 + 培训优势，精准组织实施线上视频直播与线下现场授课相结合的培训模式，充分整合各级各类现场培训点资源，引导干部在身临其境中领悟好理念、好思路和好方法，让现场培训成为课堂学习的有益补充，使有限的培训资源发挥更大的作用，充分保障全系统干部职工培训需求。

（四）精准发力，推进年轻干部善作善成

为保障地质灾害的各项工作真正落实，河北太行山区各自然资源局坚决推进年轻干部的培养计划，选拔有发展潜力、优秀年轻干部到地质灾害重大救灾任务的第一线进行锻炼，在实践中推动年轻干部补短板、强弱项。提高年轻干部的坚定政治信仰、站稳政治立场、处理复杂问题、应对复杂局面的能力。引进工程地质、水文地质、环境地质、应急管理等专业的高级别人才，形成专业和年龄结构合理的人才梯队。在河北太行山区各自然资源局坚定不移地推进地质灾害防治过程中，自然资源系统中涌现出一批信念坚定、作风优良、责任心强的年轻干部。要培养具有丰富应急调查和隐患判别经验、能准确地判断地质灾害发生的前兆及稳定性的年轻干部。培养年轻干部要积极地参与地质灾害群测群防和应急演练工作，为保障受威胁生命财产安全和当地经济发展发挥重要作用。

（五）规划指引，打造自然资源人才高地

目前，针对河北太行山区地质灾害防治及应急管理等方面缺少人才支持，河北省自然资源厅编制了《河北太行山区地质灾害人才发展“十四五”规划》，坚持系统观念，强化远见卓识、全局性谋划、战略性布局、统筹推进地质灾害人才培养，打造地质灾害人才队伍；明确了要建设河北省太行山区地质灾害新型智库体系，多渠道培养地质灾害战略和政策人才，建立高质量地质灾害智库产品等主要任务。要从岗位设置、引进人才等方面入手，多管齐下，培养一批地质灾害科普宣传的领军、骨干人才。针对河北省太行山区地质灾害科普人才管理问题，要定期举办地质灾害科普竞赛，促进科普人才的培养，提高科普知识的普及能力；对河北省太行山区地质灾害科普成果进行评选，生产一批优质科普著作；充分利用全国土地日、测绘法宣传日、世界地球日等相关主题宣传活动日，开展多形式、多品类的科普活动；继续拓展“黄书包”地质灾害科普知识进校园品牌活动，打造新的地质灾害科普品牌活动，为科普人才施展才华创造舞台；积极申请建立国家地质灾害科普基地，打造科普作品展示平台，及时宣传推广河北省太行山区地质灾害领域科技成果；开展地质灾害科普文学创作、征文比赛等活动，提高河北省太行山区地质灾害科普人才创作能力。针对原测绘单位技术人员在地质灾害政策理论研究薄弱的问题，要加强地质灾害政策理论人才队伍建设，鼓励各局直属机构依靠专门工作开展地质灾害研究实践。同时，建立“直属事业单位 + 专业技术队伍”组成的专业技术支撑团队体系，通过项目指导、人才交流等方式，提高人才技术和政策理论水平。由于技术部门技术、业务、管理等综合人才短缺，需要“地质灾害调查监测人才培养工程实施方案”，计划建立首席专家制度，指派首席专家负责重大项目的专业策划、技术路线制定、进度安排、产品质量把关职责，领衔技术革新、质量控制、综合评价、成果集成等任务。同时，优先组织自然资源部有关司或自然资源部直属单位培养青年首席专家，全面提高人才的综合素质和能力。按照地质灾害部门核心职责，树立地质灾害“泛人才”理念，统筹河北省太行山区自然资源系统和地质勘查、测 绘、空间规划等行业人才需求，重点实施地质灾害防治领域人才培养专项规划，加大人才培养、吸引、评价、流动、激励方面政策创新力度，着力打造一支规模适度、结构合理、素质优良、富有活力和地质灾害防治改革发展的人才队伍。全面加强地质灾害系统各类人才队伍建设，形成素质过硬、群众满意的干部队伍，以崭新的作风、热情的姿态，为“十四五”期间地质灾害工作提升总体效能，提供坚强的组织保障和人才支撑。

二、加强对有关人员地质灾害预防的科普教育，提升人员综合素质水平，建立专业的应急队伍

对河北太行山区各自然资源局有关人员进行地质灾害预防措施进行科普教育，科普教育主要针对崩塌灾害、滑坡灾害、泥石流灾害、地面塌陷灾害等地质灾害的预防。

（一）崩塌灾害预防措施

1. 治理崩塌的基本原则

崩塌灾害的治理基本原则是以预防为主、防治相结合的思想。崩塌灾害是各种自然因素在特定河谷和山地环境条件下多种作用的产物，因此，保护河谷区和山区的自然环境，破坏和抑制崩塌灾害形成的基本条件，可减少甚至消除其发生的可能性。同时，工程建设及农业生产应避开危险地段，在山区、丘陵和斜坡发育区要针对性地修筑防滑墙、防滑林、支挡工程等，以减少崩塌、滑坡、流石流的破坏，对已经形成的崩塌、滑坡、流石流根据其规模大小对局部进行工程整治，以防地形再恶化。

1）行车过程中，如遭遇崩塌，切莫惊慌失措，应迅速逃离有斜坡的路段。因崩塌造成交通堵塞时，要服从交警的指挥，并接受交警的疏导。这样可以确保交通畅通，减少交通拥堵和事故的发生。

2）夏季汛期去山区沟谷里郊游时，一定提前收听当地的天气预报，不能在大雨后或连绵阴雨天进入山区沟谷。

3）在雨季，不能在危岩体附近停留，不要在凹形陡坡或危岩突出地方休息、穿行和避雨，禁止攀登危岩。

4）山体的坡度大于45°，或者山坡呈凹陡坡、孤立山嘴等形状，以及坡体上有明显裂缝，均易形成坍塌。

2. 防治崩塌的工程措施

防治崩塌的工程措施主要有以下几方面：

（1）遮挡

遮挡斜坡上部崩塌物。该措施往往用于防治人工边坡崩塌或中小型崩塌，通常采用修建棚硐、明硐等工程，在山区铁路或高速公路中应用较多。

（2）拦截

对于只有在雨后才发生小型崩塌和坠石剥落的地段，可以在半坡脚上或坡脚安装拦截构筑物，如安装落石槽和落石平台用以停积崩塌物，建造拦石墙用以阻止落石；利用钢钎、废钢轨和钢丝等编制钢钎或钢轨棚栏用以拦截崩塌物，在铁路工程中有广泛应用。

（3）支挡

在不稳定大孤石或岩石突出下面修建支挡墙、支柱或废钢轨支撑。

（4）护墙、护坡

在容易风化斜坡地段修筑护墙，对缓坡采用水泥护坡等措施，一般斜坡均可以采用。

（5）镶补勾缝

可用片石填充空洞或水泥砂浆勾缝，防止坡体进一步发展裂缝、裂隙和孔洞。

（6）刷坡、削坡

在孤石、危石突出的山嘴及坡体岩体风化破碎地段，用削坡技术放缓斜坡。

（7）排水

在有水活动地段布设排水构筑物，进行拦截和疏导。

上述几项工程措施成本很高，它们仅用于保护重要工程与设施。在生产上主要采用合理规划布局，以便使重要设施能避开危险地段。

（二）滑坡灾害预防措施

1. 滑坡的预防

滑坡是自然中较常见的一种地质现象，具有相当大的破坏力，但并非所有滑坡都会造成灾难性后果。在无人居住或无交通设施的荒郊野外，发生滑坡所造成的影响并不严重。滑坡防治目的是预防和消除因发生滑坡或滑坡复活对滑坡体上及其周围建筑物与设施的危害，可分为预防和整治两方面内容。

滑坡防治以预防为主，当建设项目在选址阶段，首先要查明是否有滑坡存在，并评价场地的稳定性，对场址有直接影响的大中型滑坡尽量避开。以全球定位系统（GPS）、地理信息系统（GIS）、卫星或雷达遥感图像（RS）等为技术平台，充分利用GIS与RS、GPS相结合的技术优势，以多尺度遥感数据、基础地理信息数据和航片为基础资料，结合地貌、地质、植被、坡脚等环境资料，利用图像识别、遥感图像融合、多源信息结合等方法建立地质灾害的危险性评价体系，划定滑坡危险区域。现有交通线路，则可预测滑坡发生时可能造成的危害程度，根据具体情况综合决定是否进行路线改道或城镇、村庄搬迁，还是实施滑坡治理工程。

在滑坡区内修房或修路时，以下三点应该引起重视：

1）尽量减少开挖滑坡前缘和部分滑坡体或在滑坡体的后部堆土。如确实需要，则首先验算该滑坡体稳定性，并修筑必要防治工程。

2）由于开挖、填土导致地形变化较大时，应排除地下水和地表水。

3）在修路或建房时，要注意斜坡的上部是否有水塘，如果有，要及时疏干。

2. 滑坡治理的原则

滑坡治理要以防为主、采取综合治理和及时处理原则。

（1）综合治理，有主有次

滑坡的形成是由多种因素相互作用的结果，故需要采用综合方法来治理。在综合治理规划中，应采取有效措施来控制主要因素的发展，针对每个次要因素设置相应的辅助工程，最终使滑坡趋于稳定。

（2）及时治理，防患未然

滑坡有其自身的发生和发展过程，在初始蠕变阶段往往易于治理，但在滑坡成熟阶段，治理工作较为复杂和困难，治理滑坡要及时。

（3）力求根治，以防后患

对大型滑坡，其治理过程要有临时工程，往往是前期工程与根治工程配合使用；对小型滑坡要求根治。

（4）因地制宜，就地取材

滑坡治理要按照滑坡的具体情况和该地区的自然环境条件，因地制宜选用备选方案。同时，抗滑工程应选择当地材料，以尽可能节省工程成本。

（5）正确施工，安全经济

治理工程要选择合适的时间和位置，工程量要适宜，并确保安全。

3. 滑坡整治工程

（1）减滑工程

通过改变滑坡体的土质、地下水、地形等状态，使滑坡停止或缓和。减滑工程有削方减重和排水工程等。

采用放缓坡脚或降低坡高以增加斜坡的稳定，削坡设计要尽量降低不稳定岩土体高度，但阻滑部分的岩土体不能消减。

（2）抗滑工程

使用抗滑构筑物来支挡部分或全部滑坡体滑动，以保护该地段及其附近的建筑物及设施等免受损坏。抗滑工程有抗滑桩和挡土墙等，主要用于阻止中小型滑坡或改变滑动方向。

常用方法有护墙、挡土墙等支挡欠稳定岩土体，钢筋桩或抗滑桩用于阻滑支撑工程；预应力锚索或预应力锚杆用于加固有软弱结构面或裂缝的岩质边坡；电化学加固法或固结灌浆法用于增强斜坡岩土体强度。

（3）消除和减轻地表水和地下水的危害

滑坡的发生往往与水的作用有很大关系，减轻和消除水对斜坡的危害是非常重要的，其目的是降低动水压力和孔隙水压力，防止斜坡的岩土体软化和溶蚀分解，减小或消除水的侵蚀和浪击作用。其具体做法有：在滑坡边界处修截水沟，以防止外围的地表水流入滑坡区；在覆盖层上用人造植被铺盖或浆砌片石，以阻止地表水下渗；在岩质斜坡上用挂钢筋网并喷混凝土或喷混凝土护面。根据斜坡地质结构特征及水文地质条件，可选择多种地下水排除措施，常用方法有垂直孔排水、水平钻孔疏干、竖井抽水、支撑盲沟、隧洞疏干。

（三）泥石流灾害预防措施

1. 泥石流防治的生物措施

采用生物措施防治泥石流主要是营建与恢复植被。植被有保护生态、调节径流、固土保水等综合效益。培育或恢复植被、维持生态平衡、合理耕牧等是主要的生物措施，生物措施能够使流域面获得保护，避免遭受冲刷，更好地控制泥石流的发生。

植被包括森林和草被两种，可以调节径流，延缓洪水，削减山洪动力，抑制山坡岩土体被剥蚀、侵蚀及风蚀，保护山坡，控制固体物质流入沟谷中。在大多数地区，植树造林占主导地位。在泥石流流域内，尤其是泥石流沟的沟谷中上游地区，应加强封山育林，禁止毁林开荒。在土层薄的阳坡地带造林成活率较低，可种植灌木。应注意造林方法、树种的选择。严格管理成活后的树苗，严防林火，森林的病虫害要及时防治。

在河北太行山区不适宜种植树木地区，要以种草为主。陡坡地段应退耕还林，缓坡地段要进行等高耕种。在泥石流沟内要禁止耕种。严禁在稳定性较差的坡面上修建水渠。

2. 减轻或避防泥石流的工程措施

多数泥石流沟及其流域内的生态环境恶化较严重，仅仅依靠生物措施成效缓慢，要获得较理想的治理效果，必须是工程措施与生物措施相结合治理。

（1）针对泥石流沟的防治工程措施

泥石流沟谷的防治工程措施概括为“稳、拦、排”三类。“稳”指在泥石流沟主沟上游和支沟上游建造谷坊坝，防止沟谷下切，稳定沟谷岸坡，减少流入沟谷的物源，控制泥石流的形成条件。“拦”指在泥石流沟主沟中游建造拦沙坝，用以拦截泥石流体内大颗粒泥沙，降低泥石流规模。拦沙坝上游堆积的泥沙可反压坡脚，有稳定岸坡作用。“排”指在堆积扇上或沟道下游建造排导槽，把泥石流排泄至指定地点，防止房屋及公路遭受泥石流的袭击。

不同的沟谷，其泥石流规模与发生特点不相同，根据实际情况选取一种或者多种措施。

工程措施见效快，但投资较大，并具有限制条件，通常情况只在重点地段设置工程实施。

（2）流域调蓄和储淤工程

对于较大的区域，应在整个流域内建造蓄水工程（如洪水库、截水沟）和引水工程（如引水渠）。其目的是拦截洪水，削减洪峰，用来控制泥石流发生的水动力条件。

储淤工程主要有储淤场和拦淤库。储淤场通常位于堆积区后缘，由导流坝、拦淤堤和溢流堤堰等组成；拦淤库布设在流通区内，通过修筑拦挡坝形成拦淤库。储淤工程的作用是在一定时间内，在一定程度上让泥石流固体物在固定地点停淤，以减少下泄洪峰流量和固体物总量。

（3）交通干线的泥石流防治工程

根据不同的地形地势，采用不同工程方案防治交通沿线的泥石流。

A. 跨越工程

跨越工程指修建造涵洞或桥梁从泥石流沟的上方以跨越方式通过，让泥石流从跨越工程下方排泄，来避防泥石流。

B. 穿越工程

穿越工程指修筑明硐、渡槽或隧道等工程通过泥石流沟下方，以便让泥石流从穿越工程上方排泄。

C. 防护工程

对泥石流流经区域的隧道、路基、桥梁及交通线路或其他的重要工程设施建造防护建筑物，以消除或抵御泥石流体对主体建筑物冲击、淤埋、冲刷和侧蚀等危害。防护工程有挡墙、护坡、顶坝和顺坝等。

D. 排导工程

其目的是改善泥石流的流势，增加桥梁等建筑物泄洪能力，保证泥石流顺利快速排泄。排导工程主要包括导流堤、束流堤枢、急流槽等。泥石流流出沟口所携带的泥沙快速淤积，沟槽被频繁改道，对附近的居民区、农田和交通干线造成严重破坏。导流堤用于保护受泥石流威胁建筑物或区域。排洪道使泥石流顺利排泄，避免淤积。

E. 拦挡工程

用来控制泥石流固体物质及雨洪径流，降低泥石流能量、流量和下泄总量，以减少泥石流对下游的工程产生撞击、淤埋和冲刷等危害。在泥石流经过的主沟中建造各种坝，坝高度一般是 5 m，可以建造单坝，也可以建造群坝。拦挡坝可拦蓄沙石等固体物质，以减少其破坏能力；还可固定泥石流的沟床，平缓纵坡，降低泥石流流速，防止谷坡坍塌和沟床下切。拦挡措施包括储淤场、拦渣坝、支挡工程（如护坡、挡土墙等）。在形成区内滑坡、崩塌严重的地段，要在坡脚处建造护坡和挡墙以稳定斜坡。另外，当某地段的山体不稳定，植被难以留存时，应该辅以支挡工程来稳定山体，这样生物措施才能有效。

3. 农田防治泥石流的措施

农田泥石流防治的目的：一方面是对农业设施和农田保护，重点对中下游沟谷及泥石流堆积扇设置保护措施；另一方面是合理利用土地，防止暴发泥石流或减轻泥石流发生规模。重点保护上中游坡地和沟谷的水土流失。

农田泥石流发生面积往往较大且较分散，一般不会造成对人身和设施构成直接危害，防治措施往往以生物措施为主，其防治标准较低。多以民办工程为主，往往由当地政府制订防治规划，然后由当地农民实施。在重点防治地段或贫困地区采取民办公助，即资金由当地政府、企业资助或群众自筹等方式。

农田泥石流防治要兴利与除害相结合，泥石流扇经过治理开垦为耕地，淤积的泥石流物质可变为耕地，变害为利。

（四）地面塌陷的预防措施

1. 可能塌陷危险区的分布

以下地段容易发生塌陷，各类工程应避开这些地段：

1）岩溶侵蚀较强烈的白云岩、石灰岩等碳酸盐岩地带或与其交接地带。

2）岩溶地区的主要裂隙或断裂带交会的破碎带、岩层破碎和剧烈转折地带。

3）松散盖层薄且主要是砂土、底层较薄或缺少黏性土壤地区。

4）岩溶暗河、岩溶通道经过或地下水径流地带。

5）岩溶水和浅水双含水层分布地带。

6）岩溶地下水的排泄区。

7）岩溶地下水位浮动频繁的地带或受排水影响较大的降落漏斗周边。

8）江河、湖泊、水库、池塘等地表水近岸地带。

9）岩溶地下水的埋藏较浅低洼地带。

2. 地面塌陷的征兆

发现下面现象要立刻采用避防措施并报告当地政府：

1）泉水、井翻砂浑浊或突然干涸，水位突然降落。

2）发生小型垮塌、局部沉陷、地面鼓胀、环形裂缝等变形。

3）建筑物开裂、倾斜和发出响声。

4）抽取地下水导致附近的泉水突然干涸。人工蓄水的水面有漩涡或地下水冒气泡。

5）听到地下土层垮落声音或动物有惊恐行为。

3. 发生地面塌陷时的应急措施

1）当发现塌陷危险时，应将现场人员和重要财物迅速转移。

2）塌陷发生后，应及时堵填建筑物附近的陷坑，以避免对建筑物稳定性造成影响。堵填方法是先放片石，再依次铺设卵石、砂子、黏土，然后将表层夯实。几天后，下沉密实后用黏土夯实找平。

3）应及时填塞建筑物周边的裂缝，用以拦截地表径流，防止水流入陷坑。

4）应停止使用陷坑周边已经开裂的建筑物，等待危房鉴定之后决定废弃拆除还是加固使用。

4. 矿山采空区塌陷的预防

1）减少地表水下渗。水是发生地面塌陷主要诱发因素之一。对河北太行山区地面塌陷调查发现，约80%的地面塌陷发生在雨季；在数十起地面塌陷事故中，超过90%发生于居民的厨房，而不到10%的塌陷事故则与地下水管线渗漏有关。由此，首先要注意雨季前对地表排沟渠的疏通。在雨季期间，要加强防范、提高警惕，发现异常情况要及时躲避。其次，应加强对地下输水管线管理，如发现问题应及时解决。

2）合理采矿，应预留保护矿柱。为了制订采矿方案合理科学性，采矿单位应提供矿区的位置和有关资料给地方规划部门，便于工程建设单位按矿区位置安排勘察和设计。采矿时在建筑物下须预留保护柱，按照等级确定其保护带的宽度。

3）加强对采空区地质工程勘察。通过监测，对塌陷危险区应坚决采取搬迁措施。

4）防治结合。增强工程自身的防护能力。若在采空区建设工程时，应尽量绕避最危险地段。确实无法绕避的采空区和塌陷区，应根据具体情况采用压力灌压等措施对已发生坍塌地区进行填堵、夯实，条件允许时，可采用拱梁、伐板、直梁等措施跨越塌陷坑。

三、依靠科学技术加快建立完善河北省太行山区地质灾害综合预警系统

（一）依靠科技提升地质灾害监测能力

地质灾害预警的首要前提条件是地质灾害监测。只有经过地质灾害监测，才有可能发现或收集到有关地质灾害的基本信息。只有这样才能及时发出准确的预警信号，群众接受到预警信号立即做好应对地质灾害的预案。增强地质灾害监测的能力，是提高地质

灾害预警能力的重要基础。

1. 构建覆盖全面的地质灾害监测网络

地质灾害监测的网络系统交由专业的地质灾害监测人员安装完成。同时，加大购买先进的监测设备和监测技术，像卫星遥感监测的应用系统，提升政府对地质灾害的监测能力。

2. 建立地质灾害监测综合信息数据系统

该系统是把此前地质灾害监测数据都纳入数据库中。当发生地质灾害时，能随时提供参考以往的灾害监测数据或传递现在的灾害监测数据到监测信息系统中。

3. 构建多方参与的地质灾害监测机制

应建立地质灾害监测的多方协同合作体系。地质灾害监测是一项庞大的系统工程，由于政府的资源及能力有限，需要广泛的社会力量共同参与，才能做到快速、高效、协调和灵活。

（二）加强地质灾害监测预警系统一体化建设

预警管理的基础是信息收集。信息的准确性、及时性和完整性是地质灾害预警机制运行的先决条件。对于河北太行山区地质灾害基本信息收集不充分的问题，提出下面三点对策。首先，整合气象、测绘、水利等部门数据资源，通过各部门的数据结合，同步更新相关环境数据库，使数据库中的数据源更加丰富细化，便于分析比较。其次，组织开展地质灾害风险普查，摸清地质灾害底数，收集河北太行山区的水文资料和人文数据，包括该区的人口情况、经济情况、交通设施情况等，收集这些数据的目的是为防灾救灾能提供较好的数据支撑。再次，多部门要有效互联，尤其是要加强和科研院校合作，建立适合河北太行山区的预警模型。该预警模型本土化，更具有针对性，且依靠前期数据源作为指导，利用该预警模型开展网格化的预报预警，在更大程度上提升灾情预报预警的可执行性和准确度。

明确信息发布职责，探索预警信息发布技术，提高预警效率。

一要明确预警信息的发布职责，发布程序应规范。在预警时，政府发布的权威信息越及时、准确，就越易安定人心，有助于建立政府威信及维护社会和政治稳定。所以，应急管理部门与有关地质灾害预警的信息发布机构要积极协调，明确“由谁来发布信息”，规定该部门的岗位职责及预警信息发布的内容，增强预警信息的可信度，规范预警信息发布的流程，做到统一发布，才能更有利于实现预警信息具有准确性和可执行性。

二要加强灾害预警的信息化建设，提升预警效率。充分采用技术资源和专家指导建议，以理论来指导实际，建立点对点的预警系统，使监测预测和分析预警有效的统一，提升监测的水平、预警决策能力和灾害信息的发布效率。由于河北太行山区灾害预警的信息传播及接收存在困难，要既利用应急广播，也要利用自媒体像短视频和公众号等，使预警信息传播更广泛，传播到每户每人，增加灾害预警的效率，提高避灾能力。

四、尽快建立健全应急平台，与省级平台实现互联，成为共同的体系

地质灾害的应急平台建立，其目的是在充分使用地质灾害基本数据资料和地理信息资源的优势，利用网络和信息技术，根据地质灾害应急具体业务需求，研发相应的功能，为地质灾害防治人员构建高效、快捷的地质灾害防治信息管理渠道，为社会大众供应快速的准确无误的地质灾害的防治信息，全面提高河北太行山区地质灾害的预防和处置能力。

（一）做好制度建设等前期工作

在构建地质灾害的应急平台过程中，整理并规范地质灾害的群测群防信息及防灾预案信息，以便在进行地质灾害防治的工作时，可以查询、分析、统计和汇总；利用网络管理汛期的地质灾害防治的值班制度，充分发挥值班制度在汛期地质灾害防治中所起的重要作用；同时，构建地质灾害的灾情险情能够快速上报的通道，方便工作人员能够获取快速有效的地质灾害的基本信息。

（二）做好需求调研

在建设地质灾害应急保障服务平台过程中，应进行需求调研，走访各相关部门。要明确各环节、各部门的职责及任务，收集已确立的制度、已有数据和工作表格资料，并认真整理和归类。既考虑纵向关系，也须考虑横向因素，竭力把相类似的需求合并。需求调研工作还有对专题数据整合、网络条件的分析、研究等工作。做好前期工作，最终既定建设目标才能完成，才能建成易用、适用的地质灾害应急保障服务平台。平台建设质量优劣的评价标准是能够提供给相关部门有针对性且易用的专业应急服务，提高基层防灾能力和地质灾害的应急处置能力建设，加强地质灾害的监测、预报、预警，尽量减少或避免人员伤亡及财产损失。

（三）应急平台的功能模块

根据地质灾害相关管理部门的需求，应急平台主要有以下模块：

1. 地图操作模块

为使用者提供影像地图、专题地图和电子地图等地图操作服务，主要有地图缩放、平移、测距、漫游和鹰眼导航等功能。该模块可借用省级应急保障信息服务平台的功能和数据，与省、市、县的“天地图”相互联通，既能节约成本，又能获得免费更新的地理数据。

2. 应急地图模块

应急地图模块主要实现地质灾害点信息和地质灾害易发区图、地质灾害防治规划图的管理，应与上述的地图操作模块相结合，能够系统地、完整地管理地质灾害防治空间信息，并能实时主动实时更新。

（1）地质灾害点信息管理

地质灾害点信息管理主要包括滑坡、泥石流、崩塌、地面塌陷四类地质灾害数据，实现各类地质灾害点信息的空间展示、录入、编辑、查询等功能，其中查询功能包括属性查询和空间查询。空间查询支持矩形查询、圆形查询、多边形查询和周边查询等；属性查询支持关键字查询、分类查询等。

地质灾害点统计分析功能主要是收集近年来发生的地质灾害数据的统计数据，包括行政区划的统计、灾害点属性信息的统计分析，以便及时了解地质灾害隐患点的情况。

（2）地质灾害易发区图和地质灾害防治规划图的管理

地质灾害易发区图和地质灾害防治规划图作为地质灾害防治专题地图，用户可以进行放大、缩小、漫游、双屏等基本地图操作。

3. 群测群防信息管理模块

群测群防信息管理模块允许用户按行政区划和关键字查询灾害点数据，并允许用户浏览、修改、删除群测群防信息表等操作。此模块必须考虑所有用户的网络状况，以便让一般老百姓都能使用。

1）群测群防信息浏览。此功能允许用户查看有关所有灾害点的群测群防信息。

2）群测群防信息管理。为授权用户提供群测群防信息管理功能，包括添加、删除和修改功能。

4. 防灾预案模块

该模块允许用户根据行政区划和关键字查询灾害点的防灾预案表、防灾明白卡和避险明白卡等防灾预案信息，帮助用户进行查看、修改、删除防灾预案信息操作。

1）防灾预案信息浏览。此功能允许用户查看所有灾害点的防灾预案信息。

2）防灾预案信息管理。授权能够管理防灾预案信息管理功能，包括添加、删除和修改功能。

5. 应急管理模块

该模块不仅提供地质灾害管理部门信息和应急专家信息，让管理员进行更改，还可以对各县区上报的灾害点进行应急措施落实情况管理，与灾情速报等模块形成地质灾害工作的流程化管理，便于建立快速下载和分发信息渠道。该模块应能够提供地质灾害调查信息的管理功能，灾害调查信息以图片、文本等形式存储，并以多级树状列表的方式进行组织。

6. 灾情速报模块

该模块基于现行的地质灾害灾情和险情速报机制为蓝本，提供地质灾害年报、月报和快速报告功能，实现地质灾害速报的上传和月报的生成，可以对地质灾害报告进行浏览、查询，也可以统计某区域或某时间段的地质灾害报告（年报、月报和速报），支持用户导出操作。

7. 实时监测模块

该模块可与已有的地质灾害监测程序联动，方便管理员用户实时监测地质灾害点。

8. 值班管理模块

值班管理模块提供值班日志和防治统计信息的查看、添加、查询、删除等操作。该模块专为四种类型的用户而设计：值班人员、值班领导、值班管理员和值班超级用户，不同权限的用户登录可执行不同的操作。

1）值班人员管理。该功能支持查看值班人员信息，也帮助值班模块管理员进行添加、删除用户信息的操作。

2）值班日志管理。支持值班人员添加值班日志，值班领导添加审批信息，并支持查看、查询、编辑值班日志。

3）防治统计信息管理。支持值班人员添加防治统计信息，支持值班领导添加审批信息，支持查看、查询、编辑防治统计信息。

9. 系统管理员模块

该模块用于查看有关平台的所有用户、角色信息、环境的配置以及安全日志信息等。此模块要求用户登录后查看。

1）用户管理。该功能支持浏览有关平台用户的信息，支持管理员添加、删除用户信息操作。

2）角色管理。此功能允许查看有关平台角色的信息，允许管理员添加、删除用户角色。

3）日志管理。支持用户浏览、查询用户的安全日志和操作日志信息。

4）系统维护。用于显示平台环境配置的信息。

第二节　建立健全相关制度

一、加强政策法律建设

河北太行山区各级政府之间协同应急管理受到了阻碍，其主要原因是缺少完善的和地质灾害有关的法律及政策支撑。于是，河北太行山区各级政府应该不断地总结在应急管理中所取得的经验和教训，借鉴先进经验，健全完善与地质灾害有关的法律及政策保障机制。

（一）完善应对地质灾害的财税政策

河北太行山区各级政府在地质灾害急救援的每个环节，均不能离开足够的资金支持，而足够的资金支持就是要求区内各级政府在处理地质灾害时，应具有完善财税政策。于是，政府部门需要对税收政策和财政政策进行合理的改革、规划并储备地质灾害应急的专项救援资金，推动政府部门处理地质灾害的财力更加充足和合理。

（二）完善应对地质灾害的金融保险政策

河北太行山区各级政府部门处理地质灾害的过程中，不但要耗费大量的财力、物力和人力，还要在一定时期内对灾区的税收进行减免，虽然此举措帮助了受灾群众脱离或减轻灾害的不利影响，恢复正常的社会生活，但是在一定程度上，却增加了政府的财政压力。另外，受灾群众的财产损失和因灾致贫问题实际上并没有得到解决。因此，河北太行山区各级政府部门应完善处理地质灾害有关金融保险政策，利用衍生的金融工具，打造处理地质灾害有关金融保险产品，使地质灾害风险连接资本市场，让其风险通过资本市场获得有效稀释，提高整个社会的地质灾害承受能力，从而较大地减少区内各级政府处理地质灾害所需要的财政压力和受灾群众的财产损失。

（三）完善应急救援物资的储备政策

对河北太行山区内各级政府处理地质灾害而言，其迅速高效的应急救援基础是要有足够应急救援物资。所以，政府部门应该完善应急救援物资的储备政策，通过合理布局建立应急救援物资种类俱全、数量合适以及储存期限较长的救援物资储备仓库，并同时注重对应急救援物资的更新、轮换、损耗以及储备信息共享，以促使区内各级政府部门及时、高效地应对突发性地质灾害。

（四）完善与应对突发性地质灾害相关的上级法律法规

与地质灾害应急管理有关的法律是《中华人民共和国突发事件应对法》，该法是综合性法律，所涉范围较广缺少针对性，也没有单一的法律作为地质灾害应急管理的法律依据。自《地质灾害防治条例》2004 年正式施行以来，即使进行了机构改革，也没有进行修订，最明显的是沿用机构名称与机构改革后不一致，在实践中也存在条款不适用、权责规定不明确、主体责任规定不健全等问题。省级的法规是《河北省地质环境管理条例》，在此条例中，地质灾害仅是其中的一部分内容，而其他大部分省份按照《地质灾害防治条例》制定了本省的法规，而河北省则没有制定，缺少省级的专门法规。

只有上级地质灾害应急管理相关法律法规完善了，河北省太行山区各级政府才能依照上级法律法规进行应急管理和完善本级应急管理法治建设，希望国家、省尽快将相关内容纳入法治建设。①从国家层面来说，首先是对《地质灾害防治条例》进行修订，使其能够与时俱进，符合当前的地质灾害应急管理工作实际，明确当前各部门的职责分工，对确有交叉的部分进行细化，为实际管理工作提供依据；其次是制定基本法，我国防洪有《中华人民共和国防洪法》，防震有《中华人民共和国防震减灾法》，为防范地质灾害也应制定对应的法律，作为地质灾害应急管理的法律依据，规范地质灾害应急管理工作中各主体间的权利与义务，明确工作中的各环节、应对措施、应急处置等，全面规范和约束政府部门行政行为。②从省级层面来说，要尽快编制完善《河北省地质灾害防治条例》，填补省级法制空缺。

（五）健全河北省太行山区各县级应急管理法制

健全的应急管理法制能为综合决策、应急处置提供法律依据和科学指导，尤其是县一级作为各项工作的具体实施层级，更要建立起科学、规范、具有可行性的法律制度，以应对紧急情况和进行应急处置。广义的应急管理法制包括各种具体制度，包括日常工作制度、会议制度、民主决策制度、监督制度等等。首先，从河北省太行山区各市层面，除了应急预案中的职责分工，应该从制度层面进一步明确各部门、属地政府在地质灾害应急管理中的责任分工，研究出台部门间协调联动机制的细则，最大限度地整合人力和资源，避免推诿扯皮的情况出现。其次，要严格落实相关法律法规和制度的要求，加强执法力度，尤其是对各种引发或可能引发地质灾害的违法行为，加大惩治力度，从源头上减少人为造成地质灾害的出现。同时，建立起执法过程中执法人员行政监督机制，确保依法行政，加强地质灾害相关法律法规和制度宣传，做到“谁执法，谁普法”。在提高群众地质灾害防灾意识和法律意识的同时，通过群众反馈反思改进执法过程中的问题和不足，进而不断提高管理队伍的法治素养。

二、完善工作和监督制度

建立完善的河北省太行山区地质灾害应急管理监督机制，有利于引导政府部门应急救援的各种行为，及时制止和抑制政府部门行为失衡的发生。河北省太行山区各级政府协同应急管理监督主要包括政府协同应急管理的内部监督和政府协同应急管理的外部监督两方面。政府协同应急管理的内部监督主要指应急资金和物资的使用监督、应急资金和物资的使用审计监督以及政府应急管理的行为监督。而政府协同应急管理的外部监督主要是指公共媒体和公众对政府应急管理的监督。

（一）加强政府协同应急管理的内部监督

1. 完善对应急资金和物资的使用监督

政府部门在应急救援过程中应以实际需求为基础，建立应急资金和物资使用情况进行详细记录和存档，并在应急救援过程中对其抽检核对，防止相关人员利用职务之便，为他人谋求非法利益的行为的发生，若有发生，必须追究相关人员的行政责任和法律责任。

2. 加强对应急资金和物资的使用审计监督

政府部门应该加强监督应急物资和资金的使用情况，加强审查对应急物资和资金使用主体或个人，出具的审计报告要详细。对挪走他用或违规使用应急物资和资金的有关人员进行追究责任。

3. 加强对政府应急管理的行为监督

在应急管理时，对政府的行为监督可以使政府更加明确“什么是应该做的，什么是不应该做的，什么能做，什么不能做”的行为准则。同时，在应急救援时也能较好地引导和督促政府的各种行为，制止和抑制政府发生行为失衡的情况。

（二）加强政府协同应急管理的外部监督

政府的协同应急管理既需要内部监督，也不能缺少外部的监督。外部监督完善了政府在协同应急管理时存在内部监督不足的问题，是内部监督的有效补充。政府在协同应急管理时，其外部监督主要有以下两方面：

1. 加强公共媒体对政府应急管理的监督

公共媒体具有传播范围广和传播速度快的优势，能够快速曝光政府在应急救援时存在的寻租行为或行为失衡。警示和督促政府将伸出笼子外的权力的爪子重新关回笼子当中去。同时，制订相应政策，如果公共媒体报道失实或恶意传播谣言，则对媒体要进行问责惩处。

2. 加强公众对政府应急管理的监督

政府在应急救援时需要耗费大批的财力、人力和物力，其主要目的是保护受灾群众生命和财产的安全，减轻受灾群众的损失。但是，政府在应急救援时如果行为失衡，不但有损政府和受灾群众的根本利益，也严重影响着政府的公信力。于是，政府要积极引导群众对政府的应急管理有监督意识，群众只要提供政府行为失衡的信息，且经核实确实存在的，政府要进行奖励。

第三节　全面开展地质灾害应急管理建设

一、调整资金失衡，加大预防投入

保障经费来源并增加经费投入是建设河北太行山区各地质环境监测点、提高地质灾害的防治能力、尽量避免和减少地质灾害所造成的经济损失必要保障。由于河北太行山区投入灾害预防的资金和灾害治理的资金是不均匀的，在防治资金分配上，灾害预防的资金投入相对较少，而灾害治理的资金投入相对较多。在资金的分配上，政府出现了失衡。政府应该加大对灾害预防的资金投入，为构建灾害监测预警的信息网络提供财政保障。

主要在以下四方面增加应急管理资金的投入：①完善资金保障机制与管理机制。河北太行山区各市、县自然资源局应建议政府把地质灾害防治和应急管理的经费纳入年度财政预算当中，使地质灾害防治和应急管理有经费保障，实行资金专款专用。②加大科研项目申报资金的投入。建议河北省各地勘单位可以单独申报课题，或者与自然资源部门、高校、科研单位联合申报课题。课题是关于河北太行山区地质灾害防治的难点问题，根据此问题编写课题申请书，申报地质灾害防治的专项资金项目。③引入保险机制。开展在地质灾害发生前的预防环节引入保险机制的试验。以补贴的方式向受地质灾害威胁的居民提供“重灾”保险优惠，并和房屋安全保障、农业生产挂钩，实行“一险多赔”，既能让当地居民出资少，也能减轻地质灾害直接冲击地方的财政。④设立区内市、县两级地质灾害防治资金。首先，对地质灾害点规模较小、危险程度中等、但威胁人口较多的隐患点，采用地表设置排水沟、斜坡整改成梯形台阶形状、斜坡肩部削方减载和简易支挡等简单治理方式，用以消除或减少地质灾害隐患。其次，坚持共享发展理念、积极探索“政府主导、政策扶持、企业参与、开发式建设、市场化运作”的地质灾害基础性建设和恢复治理新模式。

二、加强地质灾害监测预警网络建设

（一）构建完善的灾害监测预警预报体系

1. 河北省太行山区地质灾害气象预报预警

河北太行山区地质灾害的气象预报预警系统覆盖 5 市 27 县，组建了县、乡、村、组四级的群测群防制度。群测群防员采用埋桩、贴片、埋钉等简单方法，对区内地质灾害点进行监测。

2. 地质灾害专业监测预警

在河北太行山区地质灾害的高易发区和地质灾害点率先进行地质灾害监测和预警示范。

3. 泥石流监测预警

以河北太行山区典型泥石流沟当作研究对象，集成多种现代传输技术与监测手段，构建实时远程立体空间监测网络。全天候的动态监测河北太行山区典型泥石流沟，地质灾害监测数据能够实时分析处理，及时发布地质灾害预警信息。

4. 地质灾害综合预测预报体系

在河北太行山区多处典型的地质灾害点上创建监测示范站，构筑“单灾害点与区域相结合、降雨与地质环境结合”的监测模式，对地质灾害进行综合预测预报。

5. 滑坡智能监测预警系统

我国已成功研制了滑坡智能监测预警系统，目前有多起滑坡灾害已经成功预警。在河北太行山区重点监测区域内，将要建成多处滑坡灾害监测预警点。该滑坡灾害监测预警系统创建了“人机结合”的决策模式与技术流程，根据监测数据，选取人工智能算法，再结合专家经验及现场宏观判断，达到了人机融合研判，大大地提高了滑坡灾害预警决策准确性。

（二）提高突发地质灾害预警系统的技术

1. 应急技术平台建设

利用计算机、网络、GIS、GPS和通信等高科技手段，搭建一个地质灾害应急指挥机构与有关部门能进行互联互通的平台，形成符合地质灾害应急协调指挥与应急管理所需要的技术系统。

2. 应急装备建设

按照地质灾害应急救援的装备需求，按优先次序分配必要应急装备，构建以满足应急救援所需要的装备系统。

三、有效开展地质灾害综合防治

（一）指导思想

以习近平新时代中国特色社会主义思想为指导，深入贯彻党的十九大、二十大和习近平总书记视察河北重要讲话精神，全面贯彻落实“两坚持三转变”“加强地质灾害防治”“建立高效科学的自然灾害防治体系”防灾减灾总体要求，把地质灾害防治作为生态文明建设和防灾减灾体系建设的重要内容，全面提升地质灾害防治能力，防范化解地质灾害领域重大风险，创建地质灾害综合防治体系，促进河北太行山区生态环境修复，为新时代河北太行山区高质量发展提供安全保障。

（二）基本原则

1. 坚持以人为本、协调发展

坚持以人民为中心的发展思想，以满足人民日益增长的美好生活需要，增强人民群众获得感、幸福感和安全感，作为地质灾害防治工作的根本出发点和落脚点，把保障人民群众生命安全放在首位，最大限度减少地质灾害危害，促进人与自然和谐共生，推动经济社会协调发展。

2. 坚持预防为主、防治结合

专注地质灾害防治中面临的主要问题和薄弱点，聚焦重点、补齐短板、强化弱项，不断提升群众防灾意识、临灾避让和自救互救能力，卓有成效地躲避和消除地质灾害风险，实实在在地提升地质灾害防治效果。

3. 坚持统筹谋划、前后衔接

以总体方案为纲领，在年度项目申报计划审核形成的项目库框架内，在汇总分析以往综合防治体系建设实施情况的基础上，采取项目法与因素法相结合的方式，统筹制订项目部署方案，既保证工作延续性，又为之后年度体系建设打基础。

4. 坚持突出重点，兼顾平衡

坚持河北太行山区一盘棋，针对区内各县地质灾害发生发育规律，聚焦河北太行山区建设需求，以重大战略规划区、重要生态功能区作为重点，部署地质灾害防治工作，大力提高地质灾害防治的水平。

5. 坚持政府主导，社会参与

坚持落实河北太行山区各级政府对地质灾害防治主体责任。在各级党委领导下，政府对地质灾害防治负责，区内各县自然资源局、乡镇自然资源所、各县对口技术支撑单位、村民委员会四部门通力协作，整合社会各方面的力量和资源，依法依规执行地质灾害防治的各项措施，不断强化地质灾害防治的合力。

6. 坚持轻重缓急、分步实施

在河北太行山区内要对一批威胁群众生命财产安全的地质灾害点进行工程治理或搬迁工程，有效消除一批威胁群众生命财产安全的地质灾害点。结合各灾害点以往实施情况，按原计划推进地质灾害的调查、专业监测等基础工作。

（三）地质灾害综合防治体系建设

1. 地质灾害调查评价

（1）地质灾害隐患点排查

河北省地勘单位是河北太行山区各县地质灾害防治对口技术支撑单位。依靠河北省地勘单位对各灾害隐患点开展日常巡查。在汛前、汛中和汛后对灾害隐患点进行三次排查。对新增加的地质灾害点要开展核查，经核查确定为地质灾害隐患的，要及时更新地质灾害隐患管理数据库。

（2）重点集镇地质灾害调查

对河北太行山区内受地质灾害威胁较严重的集镇、集中安置点、迁建区等人口密集区域安排 1∶10000 的地质灾害调查。

（3）地质灾害风险调查评价

对河北太行山区地质灾害开展风险调查评价。将河北太行山区新增的地质灾害（如地面塌陷、崩塌滑坡、泥石流等）的发育特征进行详细的调查，总结其分布规律，然后对河北太行山区地质灾害风险性进行评价。地质灾害风险评价包括易发性评价、危险性评价、易损性评价和风险性评价，并将河北太行山区划分为地质灾害易发区、危险区和风险区。对河北太行山区地质灾害的风险防控提出对策建议，并建立了地质灾害信息数据库，为河北太行山区制订防灾减灾规划、部署灾害防治工程、提升灾害管理水平提供科学依据。

（4）隐患点核销

对河北太行山区已经进行了工程治理或搬迁避让的地质灾害点，经过评估，安全隐患已经消除，或致灾体已经灭失的隐患点，依据《河北省地质灾害隐患点管理办法》的有关规定予以核销。

2. 监测预警

（1）地质灾害气象风险预警

开展河北太行山区地质灾害气象风险预警预报工作，建立市与县两级互联、互动、互通的地质灾害气象风险预警体系。

（2）专业监测预警

对河北太行山区内地质灾害点实施专业监测和预警，对监测设备进行维护，区内所有的地质灾害监测点均是自动采集数据、实时上报数据和及时预警。

（3）“群专结合”监测预警

河北太行山区按照河北省地质灾害防治“四位一体”建设总体部署，在河北太行山区各市政府统一领导下，由河北省地质灾害应急技术中心和河北太行山各市分中心技术支撑、各部门相互协作，以河北太行山区各行政村（居委会、社区）为网格点，建立“乡镇政府统筹负责、自然资源部门协调督促、地质部门技术支撑、村级组织预警巡查”的“四位一体”地质灾害防治网格化管理新模式。

3. 治理与搬迁避让工程

河北太行山区地质灾害防治主要有搬迁避让、排危除险和工程治理等手段，其主要目的是通过人类工程活动遏制地质灾害的发生，控制或减少地质灾害发生的规模和经济损失，绕避大型地质灾害的危害等。

4. 能力建设工程

（1）防治机构和技术支撑能力建设

加强河北太行山区各地质灾害防治机构的建设，配置有关工作的设备或装备，进行日常的地质灾害防治及应急救援工作。依托河北太行山区各县对口技术支撑单位，完善防治机构的技术，保证汛期各地质灾害点均驻守专业技术人员。

（2）科普宣传与培训

防灾、减灾科普教育与宣传是河北太行山区构建地质灾害应急管理体系中的重要环节。通过举行防灾、减灾科普教育与宣传，使群众获得正确防灾、减灾知识，进一步增强防灾意识，教导群众怎样识别地质灾害、认识地质灾害，并树立正确风险观念，由此提高群众的危机意识，并教会群众自救与救人，提高应急应变能力。

1）编制《地质灾害防治宣传册》、制作教育影片，充分利用“4·22世界地球日”“5·12全国防灾减灾日”“6·25全国土地日”等时间节点，举行多渠道、多层次、多形式的宣传教育培训活动，普及地质灾害的防治、辨识、风险防范、自救等知识，对受地质灾害威胁群众重点培训宣传。

2）技术人员培训。在河北太行山区各市、县定期举办地质灾害监测员和网格专管员培训班，进行区内市、县两级技术人员的地质灾害相关技能培训。

3）管理人员培训。在河北太行山区各市、县定期开展地质灾害防治的网格化管理人员培训班，进行区内市、县两级地质灾害有关管理人员培训。

4）防灾演练。不定期地开展地质灾害防治模拟演练。在河北太行山区开展各市大型防灾演练、各县、乡（镇）简易防灾演练和地质灾害点“屋场式”演练。其目的是提升群测群防员的业务水平和群众防灾自救的意识。针对消防、通信、交通管制、灾害警备、避险、救助、紧急治理等多种形式的综合防灾训练，用以将来遭遇地质灾害爆发时紧急响应的基础。针对群众还要开展避险疏散演练，对老弱病残等弱势群体，安排志愿者或者邻居协助。最终使群众遭遇地质灾害爆发时，能够迅速地、正确地进行自救行动。

5. 信息化工程

从河北太行山区地质灾害实际情况出发，加强区内各市、县两级地质灾害防治机构信息化基础设施建设。完善区内各市、县两级地质灾害信息化基础数据库，建立全区地质灾害防治全要素信息“一张图”，最终建立全区地质灾害信息平台，并投入运行。

第四节　地质灾害防灾减灾宣传教育

正如习近平总书记所指出的“同自然灾害抗争是人类生存发展的永恒课题”。在自然界中，人类不能避免地质灾害的发生，但应该避免或减少地质灾害对人类造成的危害，因此进行防灾减灾科普教育是十分有必要。其目的是提高自我防护意识，增强群众危机意识，保护生命财产安全。群众是地质灾害最直接受害者，同时，群众也是抗击地质灾害的主力军，群众是能不能成功应对地质灾害的关键。

面对突然暴发地质灾害，群众理性的判断力、熟练的灾害处理技能和灵敏的自我防护意识都将在很大程度上提高了自救互救能力。因此，加大灾害预警知识的宣传教育，对提升群众的自救能力十分必要。

一、完善地质灾害预警宣传教育机制，增强安全意识和自我防护能力

借鉴国内外经验，从小培养安全意识，进一步推进灾害预警知识入选教材、进入课堂，辅以常态化模拟演练，培养学生的安全意识，增强自我防护能力。对群众，政府有关部门组织灾害预警知识的科普教育。要让科普宣传活动进基层单位、进企业、进社区，通过自媒体直播、现场宣讲、网络公开课等形式宣传灾害预警知识。群众所处的环境不同，所需要的应急救灾知识也不相同。只有应急救灾知识在群众身边与自己密切相联系，才能提高他们安全操作和处理突发灾害的技能。借鉴国内外经验，在河北太行山区各市、县内创建地质灾害防治等内容的科普教育基地，宣传地质灾害防治、预警等科学知识，并在基地内进行地质灾害应急模拟场景演练，提升群众的知险、识险、避险和自救等方面的技能，同时提高群众应对地质灾害的心理素质，夯实群众基础，提升地质灾害应对能力。

二、加强管理人员业务培训

河北太行山区各市、县、乡镇、村每年要定期举办关于地质灾害调查、应急管理和群防群测等内容的培训班，加强市、县、乡镇、村等应急管理人员所必须掌握的应急知识及技能培训。在这些学员基础上，组织市、县、乡、村相关人员开展地质灾害预防宣传教育活动，形成多层次培训教育机制。委托河北省多所高校和科研机构培养专业人才，增强其专业知识和技能，同时从相关高校引进专业人才补充进地质灾害管理队伍中。

参考文献

柴艳，2011. 河北省太行山区泥石流灾害的分类及预测模型的研究［D］. 石家庄：石家庄经济学院.

陈安，陈宁，倪慧荟，2009. 现代应急管理理论与方法［M］. 北京：科学出版社.

冯金良，崔之久，李庆辰，2001. 太行山区下瓦岔泥石流灾害实录［J］. 水土保持研究，8（2）：41–44.

冯少峰，2022. 抚州市地质灾害应急管理问题与对策研究［D］. 南昌：南昌大学.

冯石侠，王绍玉，2010. 城市灾害管理［M］. 北京：化学工业出版社.

高燕，2011. 从社会管理视角看日本社会的防灾应急制度体系与对策［J］. 浙江社会科学（6）：101–105.

顾令爽，杨小林，刘涛，等，2017. 日本防灾对策及应急管理体系对中国的启示［J］. 改革开放（15）：59–61.

姜安鹏，沙勇忠，2010. 应急管理实务——理念与策略指导［M］. 兰州：兰州大学出版社.

康佳梁，2013. 提升县级政府地质灾害应急管理能力的对策研究—以湖南省新化县为例［D］. 长沙：湖南师范大学.

李卫海，2014. 广东省突发地质灾害防治与应急管理对策研究［D］. 兰州：兰州大学.

刘传正，2009. 重大地质灾害防治理论与实践［M］. 北京：科学出版社.

刘东燕，侯龙，伍川生，等，2011. 美国地质灾害防治现状综述［J］. 中国地质灾害与防治学报，22（2）：119–123.

刘芳，2021. 榆林市地质灾害防治监测预警问题研究［D］. 西安：西北大学.

毛佳睿，2017. 黄土崩塌形成机理及其稳定性计算方法［D］. 贵阳：贵州大学.

苗姿，2018. 广州市突发地质灾害应急管理研究［D］. 广州：华南理工大学.

潘琼，2021. 贵州省政府地质灾害应急管理能力提升对策研究［D］. 哈尔滨：哈尔滨商业大学.

邱维理，庄茂国，张旭阳，等，2016. 美国地质灾害应急响应体系管窥与启示［J］. 中国地质灾害与防治学报，27（3）：127–137.

苏伟伦，2000. 危机管理——现代企业实务管理手册［M］. 北京：中国纺织出版社.

孙吉定，张金香，王振亮，等，1997. 河北太行山区“96・8”暴雨泥石流灾害考察报告［J］. 北京林业大学学报，19（3）：104–110.

唐承沛，2007. 中小城市突发公共事件应急管理体系与方法［M］. 上海：同济大学出版社.

陶琦，杨健，尹旺，2022. 自然资源人才队伍气象新—广西自然资源厅人才队伍建设二三事［J］. 南方自然资源（4）：9–15.

滕宏泉，2016. 陕西省地质灾害应急管理研究［D］. 西安：西北大学.

王滨，张发旺，陈立，等，2008．河北省太行山区泥石流的灾变特征与崩滑演化机理［J］．南水北调与水利科技，6（6）：40–43.

王普清，张增科，王生力，等，2007．河北省公路典型地质灾害评价与防治技术研究［M］．北京：地质出版社．

王绍玉，冯百侠，2010．城市灾害管理［M］．北京：化学工业出版社．

王维早，李方红，郑海君，2014．可拓层次分析法在河北省元氏县佃户营泥石流危险性评价中的应用［J］．水土保持通报，34（5）：181–186.

王维早，雷霆，许强，2010．基于层次分析法的河北省太行山区泥石流灾害危险性评估研究［J］．地球与环境，38（3）：357–362.

王维早，王滨，许强，2012．基于灰色关联度理论的河北省太行山区下瓦岔泥石流灾害危险性评估研究［J］．地球与环境，40（1）：121–125.

王欣宝，王昕洲，王艳，2000．河北元氏县佃户营泥石流危险性评价与防治［J］．中国地质灾害与防治学报，11（3）：93–97.

韦仕川，杨杨，栾乔林，等，2014．美国地质灾害防治的经验总结及启示—灾害防治的“规划软措施”［J］．灾害学，29（3）：156–161.

徐小连，2017．地质灾害的政府应急管理研究［D］．昆明：云南财经大学．

薛澜，张强，钟开斌，2003．危机管理：转型期中国面临的挑战［M］．北京：清华大学出版社．

杨超，2020．广东省地质灾害应急管理体系建设探讨［J］．工程前沿浙江社会科学，12：36–37.

杨月巧，2020．新应急管理概论［M］．北京：北京大学出版社．

游志斌，2020．当前美国应急管理体系改革的经验教训及启示［J］．环球，4：56–59.

张成福，党秀云，2007．公共管理学［M］．北京：中国人民大学出版社．

张芳枝，2013．地质灾害预防应急管理及减灾技术［M］．北京：中国水利水电出版社．

张乃平，夏东海，2009．自然灾害应急管理［M］．北京：中国经济出版社．

张沛，潘锋，2007．现代城市公共安全应急管理概论［M］．北京：清华大学出版社．

张洋，吕斌，张纯，2012．可持续城市防灾减灾与城市规划—概念与国际经验［M］．北京：科学出版社．

George Haddow, Jane Bullock, 2006. Damon P Coppola.Introduction to Emergency Management[M].Oxford: Butterworth–Heinemann.

SCHWAB J C., 2010. Hazard mitigation：integrating best practices into planning［M］. Chicago：American Planning Association.

ZHANG Y, PEACOCK W G., 2009. Planning for housing recovery? Lessons learned from hurricane andrew［J］. Journal of American Planning Association, 76（1）：5 –24.

后 记

河北省太行山区处于复杂多样的地质环境条件，区内人类工程经济活动剧烈，由此造成了复杂多样的地质灾害。河北省太行山区地质灾害主要有滑坡、崩塌、泥石流、地面塌陷等。这些灾害严重危害当地居民的生命财产安全，一旦发生灾害将会造成重大的经济损失。

国内外对地质灾害的应急管理工作有了初步认识，并建立了各自的应对机制。发达国家建立了与本国实际情况相符合的地质灾害应急管理措施，但我国地质灾害应急管理处于起步阶段，仍然存在着诸多问题，研究深入程度不够；河北省太行山区地质灾害应急管理研究甚少。河北省太行山区地质灾害应急管理能力水平低、应急管理制度不完善、经费投入不足、人民群众危机意识不强等问题。基于此，本书对河北省太行山区地质灾害应急管理展开研究，以期在提高河北省太行山区地质灾害应急管理能力的同时，也为河北省内各级政府开展地质灾害应急管理工作提供一定参考。

地质灾害应急管理体系是一个综合的社会系统，需要从自然科学、管理科学、社会科学等多学科综合进行系统化构建。随着河北省太行山区经济社会发展，受多种因素的影响，在时间上、空间上，地质灾害发生频率呈现增长趋势，社会影响面日趋加大，防治趋势严峻。因此，地质灾害应急管理体系还需要更进一步地研究和提升。

鉴于作者本人理论水平有限，加之地质灾害应急管理内容较多，所收集的地质数据资料的限制，分析还不够深入，对策还不够具体细化，还存在应急管理理论没有很好地与河北省太行山区应急管理实际情况进一步结合等不足之处，还需要根据实际情况不断探讨和完善。本书作者将在以后的工作和学习中，进一步提高理论水平，对实际工作不断思考和总结，进一步探索针对河北省太行山区突发地质灾害应急管理工作问题的对策。

本书成果得到河北省社会科学基金项目（编号：HB23GL038）的资助。

本书在编写过程中，参阅和引用了相关的文献资料。在此谨向文献的作者们，表示衷心的感谢和致以崇高的敬意。